图解
养花种草
实用大全

许晓雯 / 主编

沈阳出版发行集团
沈阳出版社

图书在版编目（CIP）数据

图解养花种草实用大全 / 许晓雯主编． —沈阳：沈阳出版社，2025.3． — ISBN 978-7-5716-4731-5

Ⅰ．S68-64

中国国家版本馆 CIP 数据核字第 2025W0F349 号

出版发行：沈阳出版发行集团 | 沈阳出版社
（地址：沈阳市沈河区南翰林路 10 号　邮编：110011）
网　　址：http://www.sycbs.com
印　　刷：北京飞达印刷有限责任公司
幅面尺寸：170mm×240mm
印　　张：13
字　　数：130 千字
出版时间：2025 年 3 月第 1 版
印刷时间：2025 年 3 月第 1 次印刷
责任编辑：杨　静　李　娜
封面设计：宋双成
版式设计：宋绿叶
责任校对：高玉君
责任监印：杨　旭

书　　号：ISBN 978-7-5716-4731-5
定　　价：49.00 元

联系电话：024—24112447　024—62564926
E—mail：sy24112447@163.com

本书若有印装质量问题，影响阅读，请与出版社联系调换。

前 言

　　一株艳丽芳香的月季花放在窗前，顿时给人以春意盎然和美的感受；一盆苍郁葱茏的文竹放在案头，立即呈现一派清雅文静的气氛；一盆芳香浓郁的兰花摆在室内，芬芳四溢，令人心旷神怡；一盆枝密叶绿的金橘，硕果累累中让人感受到丰收的喜悦。

　　花卉以其艳丽夺目的色彩，千姿百态的花形，葱翠浓郁的叶片，秀丽独特的风韵，为人们创造优美、舒适的环境，给人们带来愉快、幸福和希望。花卉色彩和色香可以使人精神焕发，红、橙、黄色的鲜花给人以热烈、辉煌、兴奋和温暖的感受；青、绿、蓝、白色的鲜花，给人以清爽、娴雅和宁静之感觉。富贵竹的绿可以解除焦虑，稳定情绪，使人心情舒畅；桂花的芳香沁人心脾有助于消除疲劳，使人感到如释重负；橘子和柠檬的清香犹如兴奋剂，能唤醒人们奋发向上的热情。

　　养花种草，可以丰富和调剂人们的文化精神生活、增添生活乐趣、陶冶性情、有助于健康，还能增加科学知识、提高文化艺术素养，又可以绿化祖国大地、保护和改善环境、净化空气，使人们生活得更加美好。养花不仅可供观赏，而且还有许多重要的经济价值，如金银花、三七花、红花可作中草药；桂花可作食品香料和酿酒；茉莉、白兰花、珠兰等可熏制茶叶；菊花可制高级食品的菜肴；杜鹃花、牡丹、月季、白兰花、兰花等可提取香精等。现在，盆花、插花、干花、盆景等已成为美化居室的装饰品，使之成为大自然风姿的缩影。所以花卉是有生命的装饰品，它给人以美的享受。

养花植草在我国有着十分悠久的历史，是广大群众比较喜爱的一种家庭休闲活动。如今，美化我们的生活环境、建设绿色的生活区已成为广大群众的迫切要求。随着物质、文化生活水平的不断提高，园艺爱好者也在逐渐增多。然而，养花植草看似简单，实际上若想做好却需要掌握一定的专业知识。为了满足广大园艺工作者和家庭花卉爱好者对养花植草技术资料的需求，我们编写了这本《养花植草实用手册》。

本书对养花技术、花卉繁殖、花卉栽培、家庭插花、盆景的制作与养护等内容均做了详细的阐述。本书图文并茂、内容全面、语言通俗易懂，相信可以对读者在室内外花草的选择和摆放以及培养等方面起到一定的指导作用。

本书在编写过程中，我们参考了大量的专业资料，并得到了众多从事花卉栽培工作的朋友们的大力支持，在此谨致诚挚的谢意。由于编者的水平有限，书中的不当之处请读者朋友多多指正。

目 录

第一章 花卉种植基础知识

第一节 从零学习花卉种植 …………… 2

1. 养花有哪些好处 ………………………… 2
2. 花卉的分类 ……………………………… 4
3. 花卉种植常用工具 ……………………… 8
4. 花卉的外形特征 ………………………… 9
5. 花卉的组成部分 ………………………… 11

第二节 花卉种植需要的条件 …………… 15

1. 花卉需要的土壤 ………………………… 15
2. 我们常见的土壤 ………………………… 15
3. 怎样选择土壤 …………………………… 17
4. 光照对花卉的作用 ……………………… 19
5. 温度对花卉的影响 ……………………… 21
6. 不同花卉对温度的要求 ………………… 22
7. 水分对花卉的作用 ……………………… 24
8. 不同花卉需水要求不一样 ……………… 25

9. 肥料的作用和种类 ·· 26

10. 自制养花肥料 ·· 28

11. 阿司匹林在花木栽培中的应用 ······························ 29

12. 缓释复合肥 ·· 30

第二章 家养花卉介绍

第一节 适合养在阳台的花卉 ································· 34

1. 太阳花 ·· 34
2. 月季花 ·· 35
3. 米兰 ··· 37
4. 石蒜 ··· 38
5. 球兰 ··· 40
6. 金边虎尾兰 ··· 41
7. 非洲菊 ·· 43
8. 夜来香 ·· 44
9. 长寿花 ·· 46
10. 菊花 ··· 47
11. 百合 ··· 49
12. 小苍兰 ·· 50
13. 三色堇 ·· 51
14. 杜鹃 ··· 52
15. 芦荟 ··· 54
16. 鸡冠花 ·· 56

17. 吊兰 ·· 57

第二节 适合养在客厅的花卉 ················· 59

1. 龙舌兰 ··· 59

2. 垂叶榕 ··· 60

3. 绿巨人 ··· 61

4. 君子兰 ··· 63

5. 万年青 ··· 64

6. 风信子 ··· 65

7. 曼陀罗 ··· 67

8. 滴水观音 ··· 68

9. 金盏菊 ··· 70

10. 橡皮树 ··· 71

11. 散尾葵 ··· 73

12. 郁金香 ··· 74

13. 紫荆花 ··· 76

14. 马蹄莲 ··· 77

15. 水仙花 ··· 79

16. 龟背竹 ··· 80

第三节 适合养在书房的花卉 ················· 82

1. 仙人球 ··· 82

2. 含羞草 ··· 83

3. 迷迭香 ··· 84

4. 茶花 …………………………………………… 86

5. 花叶万年青 …………………………………… 87

6. 棕竹 …………………………………………… 89

7. 五色梅 ………………………………………… 90

8. 绿萝 …………………………………………… 91

9. 发财树 ………………………………………… 93

10. 香龙血树 …………………………………… 94

11. 仙客来 ……………………………………… 96

第四节 适合养在庭院的花卉 …………………… 98

1. 芍药 …………………………………………… 98

2. 栀子花 ………………………………………… 99

3. 丁香花 ………………………………………… 100

4. 蜡梅 …………………………………………… 102

5. 鸢尾 …………………………………………… 103

6. 柠檬 …………………………………………… 104

7. 薄荷 …………………………………………… 106

8. 龙牙花 ………………………………………… 107

9. 紫薇 …………………………………………… 109

10. 蔷薇 ………………………………………… 110

11. 凤仙花 ……………………………………… 111

12. 夹竹桃 ……………………………………… 113

13. 番红花 ……………………………………… 114

14. 玫瑰 ………………………………………… 115

15. 接骨木 ……………………………………… 116

16. 紫藤 ………………………………………… 118

17. 石榴 ………………………………………… 119

18. 金橘 ………………………………………… 120

19. 山楂 ………………………………………… 122

20. 金雀花 ……………………………………… 123

21. 一品红 ……………………………………… 124

第三章 花卉的养护技巧

第一节 四季花卉养护 ……………………………… 128

1. 春季如何养护花卉 ………………………… 128

2. 夏季如何养护花卉 ………………………… 130

3. 秋季如何养护花卉 ………………………… 132

4. 冬季如何养护花卉 ………………………… 134

第二节 如何给花卉修剪整形 ……………………… 138

1. 为什么要修剪花卉 ………………………… 138

2. 常用的花卉修剪工具有哪些 ……………… 138

3. 花卉的修剪技巧 …………………………… 139

4. 常见的花卉整形方式 ……………………… 140

5. 修剪花木进行催花坐果 …………………… 141

第三节 如何插花与保鲜 …………………………………… 143
    1. 插花容器的选择 ………………………………………… 143
    2. 插花工具有哪些 ………………………………………… 144
    3. 插花材料的选择 ………………………………………… 144
    4. 插花整理与固定 ………………………………………… 146
    5. 插花的造型处理 ………………………………………… 147
    6. 插花如何养护 …………………………………………… 149
    7. 插花的色彩配置 ………………………………………… 150
    8. 如何切花 ………………………………………………… 151
    9. 插花如何保鲜 …………………………………………… 152

第四章 花卉的栽种管理

第一节 花卉的繁殖 ………………………………………… 154
    1. 种子的收集与保存 ……………………………………… 154
    2. 播种前种子的处理 ……………………………………… 155
    3. 花卉的播种繁殖 ………………………………………… 155
    4. 花卉的扦插繁殖 ………………………………………… 157
    5. 花卉的压条繁殖 ………………………………………… 161
    6. 花卉的嫁接繁殖 ………………………………………… 162

第二节 花卉的栽种 ………………………………………… 165
    1. 花卉的移栽 ……………………………………………… 165

2. 花卉的出圃 …………………………………… 166

3. 花卉上盆 ……………………………………… 167

4. 有些花草要多次移栽 …………………………… 168

5. 怎样倒盆和换盆 ………………………………… 169

6. 培养土的材料与配制 …………………………… 170

第五章 花卉常见病虫害防治

第一节 花卉常见问题 …………………………… 174

1. 花卉入室叶片泛黄 ……………………………… 174

2. 花卉营养缺乏症 ………………………………… 176

3. 花卉盆土板结 …………………………………… 178

4. 杂草太多的处理方法 …………………………… 180

5. 室内花卉萎蔫 …………………………………… 181

6. 室内养花光照不足 ……………………………… 183

7. 室内花卉长势不良 ……………………………… 184

8. 花卉枯萎现象 …………………………………… 186

第二节 花卉常见病害防治 ……………………… 187

1. 根腐病 …………………………………………… 187

2. 斑点病 …………………………………………… 188

3. 白粉病 …………………………………………… 189

4. 日灼病 …………………………………………… 190

5. 炭疽病 …………………………………………… 191

第三节 花卉常见虫害防治 …………………………… 192

　1. 蚜虫 ……………………………………………… 192

　2. 叶螨 ……………………………………………… 193

　3. 刺蛾 ……………………………………………… 193

　4. 蚧壳虫 …………………………………………… 194

　5. 金龟子 …………………………………………… 195

　6. 玉米螟 …………………………………………… 196

第一章

花卉种植基础知识

第一节 从零学习花卉种植

1. 养花有哪些好处

越来越多的人喜欢在家中种植花草来增添生活乐趣,同时得到花草所带来的附加价值。生活中常见的花草都有一定的附加价值,比如可以净化空气、食用、驱蚊等,这些神奇的功效可以根据生活所需来选择。

(1)美化生活

花卉有着美丽的色彩、奇妙的形状、优美的姿态和可爱的品格,是自然和人类共同创造的活的艺术品。碧叶绿荫令人赏心悦目,花香四溢更使人心旷神怡。人们普遍爱花,用花来美化生活。公园、街道、学校、工厂以至家庭,都需要用花卉来装饰,特别是每逢节日、假日,更需要以花团锦簇来点缀。随着生活水平的提高和旅游事业的发展,人们对花卉的需求量更大了,要求更高了。

(2)改善环境

花草树木在进行光合作用时,能吸收二氧化碳,放出人类生存必需的氧,使空气保持清洁。菖蒲等敏感植物能向人们发出空气污染的警报;很多花草树木可以吸收低浓度的二氧化硫和氟化氢等有害气体,例如天竺葵和夹竹桃就能够"吃掉"二氧化硫,矮牵牛和金鱼草也会"吞噬"氟化氢,菊花和月季花更是消毒的"多面手",蔷薇还可以吸收低浓度的汞,许多花草树木甚至能分泌杀菌素,可

第一章 花卉种植基础知识

以杀死白喉、肺结核、伤寒、痢疾的病菌；花草树木又能吸滞粉尘和过滤灰尘，净化空气；此外，花草树木还能隔挡和吸收噪声，又能遮挡烈日、蒸发水分，调节气候，木本花卉尤为显著。总之，多种花卉有益于人的身体健康。

（3）增长知识

通过种花不仅可以学到一些养花知识，提高文化艺术素养，还能陶冶性情，增进身心健康，而且很多花草妙用多多，会给人带来意想不到的效果。

（4）调剂精神生活

养花会使人轻松愉快，消除疲劳，增进身心健康，提高文化素养，余暇时养花，也不失为一种乐趣。

（5）增加财富

如茉莉、玫瑰、白兰等花可做茶。兰花、栀子花、月季花、牡丹花、杜鹃花等可提取香精；桂花可制点心、蜜饯等；玫瑰可制玫瑰酒、玫瑰露等。

（6）药用价值

有些花卉是珍贵的中草药，如牡丹的根皮，是治高血压、散瘀血、除烦热的名贵药材。菊花是泡茶佳品，可消暑、降热、祛风、明目等。月季花可活血、消肿、治妇女病等。蟹爪莲和仙人球液可外敷，治疗肿毒等。

花，赏心悦目，优美动人；花，历来被人们视为吉祥、幸福、繁荣、团结和友谊的象征。我国人民自古以来就有赏花、养花的高雅风尚，在长期养花实践中，不仅积累了极其丰富的经验，而且有许多驰名中外的园艺巨著。种花好处这样多，完全应该积极发展。因此，发掘花卉资源，加强经验交流，探索和推广先进技术，做到科学种花、科学养花，也就显得十分必要和迫切了。

2. 花卉的分类

（1）花草植物

花草一般可依其生长寿命分为一年生、二年生、多年生及宿根性花草。此外，也可分为适合春夏及秋冬欣赏的花草，前者如日日春、鸡冠花等，后者如非洲凤仙花、三色堇等。

论其生长习性，花草一般都需要充足的光线才有利于生长及开花，属于阳性植物；繁殖方面，则多以播种方式栽培，消费者可依其特性选择春播、秋播等种类来自行播种，也可直接从花市购买。花草虽然寿命较短，但其种类繁多且花色艳丽，是花坛、阳台、庭院中不可缺少的精灵。

（2）盆花植物

盆花植物泛指应用在园艺布置的各种观花植物，包括多年生花草、木本花卉等。这些观花植物在栽培期间都需要充足的日照，但依其生长习性也分为半日照及全日照等，花期亦因季节而有所不同。

当进入花期、见到花苞后，可移入室内摆设及欣赏，若希望花期长一些，最好在晚上移到阳台或窗台边，让植物隔日清晨就可以接受温煦的阳光。

此外，盆花的浇水需更加注意，水分太少会使花苞快速萎缩，甚至消蕾，但水分太多会让开花速度太快，缩短了观赏期，所以最好等介质干燥后，再一次浇透至水流出为宜。

（3）观叶植物

凡是植物的叶片、叶形、叶色具有观赏价值者，都可称为观叶植物。观叶植物可大略分为多年生宿根草本及木本植物，前者包括合果芋、蕨类等，后者大多属灌木、小乔木，例如马拉巴栗、绿元宝等。

观叶植物一般原生在热带雨林的树林下，喜好温暖潮湿的环境，对于光照的需求量较低，所以应用在居家布置时，可以摆设在室内各角落；相反的，如果是布置在室外或是西面阳台，则必须注意防晒，以免发生日灼现象。此外，观叶植物也比较怕冷，寒流来袭时应移入室内或加布防风御寒。

（4）藤蔓植物

此类植物的茎干较为柔软不能独立，必须有支撑物让其卷须或蔓茎攀附、缠绕或是匍匐于地面或墙面生长。藤蔓植物在景观上可以做很多应用，例如美化铁窗、墙面，或做成花架、绿廊，甚至搭出棚架让其攀爬；应用在居家环境上也很广泛，例如叶子花、软枝黄蝉等，都是经常出现在阳台的藤蔓植物。

藤蔓植物要栽培得美观有较多的技巧，当它是小苗时就要慢慢引导枝条攀爬，如有铁窗、花架即可就地利用，否则须再立上支架以利生长，市面上有现成造型的支架可以提高美化的效果。

（5）球根花卉

球根植物的特色在其根或茎部膨大成球状或块状，此部分为其储藏养分的重要器官，这类花卉有风信子、郁金香、水仙等。大多数的球根花卉都须经过冬天的休眠期，而在低温刺激后形成花苞，并在温度回升后花苞生长，进而开花。

重点提示

由于球根花卉的养分都已经储存在球根里，所以在销售时会直接以球根形态来卖，消费者要仔细看包装及询问老板其花色。一般而言，市售的球根都经过温度处理可以顺利开花，所以直接种于培养土或以水种方式栽培都可以成功，不过开过花的球根通常需要有专业技术的培养才能再开花，所以不建议一般消费者留存。

（6）水生植物

水生植物，顾名思义就是生长于水中或沼泽地带的植物。有些水生植物的根部虽可在水中生存，但仍须有土壤或沼泽地才能生长，例如荷花、睡莲等；有些则只要漂浮于水面上就可以生长，例如浮萍、水芙蓉等。

水生植物大多为多年生，夏季生长旺盛，冬季时有些植株会有生长缓慢或呈现休眠的现象。此外，要注意水生植物族群生长的速度，若生长太快就需要分株或将水缸换大一点。近年来兴起的水族养殖热潮，在各种水族缸中，除了愉快悠游的热带鱼外，更有各种水草植物增添绿意，这些水草只要固定在小石头上即可，记得要有光线，水草才会长得好喔！

（7）食用植物

在应用于家庭园艺的各类植物中，除了有让人欣赏的美丽花卉外，其实有更多是可以食用的水果或蔬菜，例如金橘、草莓等；最近更兴起种植香药草植物，例如罗勒、薄荷等。

除了有个小花园外，还可以试试栽培小菜园。小菜园要丰收，则需要较多的阳光和较大的空间，以及较为专业的栽培技术，所以小菜园栽培只能当作休闲爱好，也许不能满足全家人的水果蔬菜供应。当然了，一旦栽培成功，当看到自己栽培的植物可以入菜、泡茶时，还是很有成就感的。

（8）仙人掌与多肉植物

最近有人将这类植物昵称为"仙肉植物"，听起来像是可以吃的东西，像石莲花、火龙果等。这类植物原生于沙漠或是水分较少的沙地，仙人掌的叶已经特化成刺状以减少水分蒸发，而多肉植物的叶片及茎则演化成肉质化，以储存水分。人在沙漠缺水时，就会切断仙人掌或多肉植物的茎叶以吸取水分。

仙人掌及多肉植物的外形多变，有圆柱状、圆锥状、球状等，更有多肉植物的爱好者，专门收集各种形状的品种。此外，仙人掌开花更吸引人，其花色鲜丽奇特，令人惊艳。

3. 花卉种植常用工具

养花常用到的一些小工具，可在养花过程中逐步配齐。常用到的小工具有以下几种：

①小花铲、铁锹。用于花卉上盆、换盆时铲土，以及移苗、起苗、挖坑等。

②铁丝耙子。用于耙松土壤。这种耙子可以自己用铁丝制作。

③竹夹子。可用竹子削制而成。用于仙人掌类带刺花卉的移栽、嫁接，以及夹小苗。

④水壶。最好是塑料的，以免日久锈蚀。备可拆卸的粗细孔喷头各一个。壶的大小以装水1千克左右，手提不吃力为宜。

⑤喷雾器。可选用家用的灭蚊喷雾器或小型农用喷雾器，以便喷药、喷水、根外施肥时用。

⑥水缸。准备两个，一个用于盛贮清水，另一个用于泡沤液肥。

⑦枝剪。用于修枝、剪杆、截枝、剪须等。

⑧接刀。嫁接时切削枝干及接穗。

⑨手锯。嫁接时锯截较粗的枝干。

⑩粪筐和簸箕。积肥、堆肥时用。

⑪种子瓶。贮存晒干后的种子。

此外，最好还要备有橡胶管、塑料薄膜、竹签、温度计、钢丝钳等。

如果保养得当，园艺工具可以使用多年。存放在干燥的地方，绝不能放在潮湿之处。每次使用后，清除泥土和垃圾，给金属工具打油以防生锈。不锈钢工具不会生锈，但比镀钢工具贵。

4. 花卉的外形特征

植物的选择除了由颜色、大小、种类、生长条件难易度为考量的标准外，其外形就如同人的外表一样，是给人的第一印象。因此，选购盆栽必须先考虑种植的位置：采光良好与否？空间大小是否适当？以及装饰家里所营造的气氛如何？再来依据植物的外形、色彩选取，太高或太矮、太大或太小，都关系到整体感。如果家里拥有较高的环境条件，就可选择直立形的植物，而不必碍于高度的不够；若只想放置在窗台，营造家里花团锦簇的感觉，就可选择丛生形的开花植物点缀……因此依据植物的外形，粗略可分成六大类型，以下分别介绍，让大家对外形有一个大概了解，作为选取的标准。

（1）向上直立形

所谓直立形，指的是植株有垂直向上生长的特性，不过因种类的不同，而有高大与低矮的差别，但不一定都有明显的茎和叶。对于家庭配置来说，放置直立形的植物可能略有压迫感，可适时加以修剪。例如：滴水观音、金枣、白斑万年青、王棕等。

（2）放射簇生形

叶片是由植株的中心点伸出，以放射状由里往外翻生，

而形成一圆柱束状，多数的凤梨科植物都属于此类，例如观赏凤梨花；另外如非洲堇、大岩桐等，叶片属于扁平状的簇生形植物，最好能摆放在可由上往下观赏的地方，较能表现植株的特色。

（3）茂密丛生形

它们共同的特点是具有同时向上及四周分生的现象，大部分一、二年生的开花植物及观叶植物属于此类，如百日菊、非洲凤仙花、紫芳草、瓜叶菊、仙客来、五彩苏等。几株等高的植物放在一起，能营造出很丰富的视觉感，适合轻松、休闲的居家环境。

（4）向下悬垂形

由于茎叶具有悬垂向下的生长特性，因此极适合种植在吊篮上，让绿叶垂挂而下；其不同的叶片颜色及质感能营造出不一样的视觉美感，例如：具有黄绿色叶片的绿萝、叶片可爱呈星形的常春藤，以及紫玄月、佛珠、螃蟹兰等，都能让人拥有一室的浪漫！

（5）藤蔓爬藤形

此类植物因其茎干太过柔软，必须立支架帮助其支撑生长，适合种在窗台、棚架及屋檐上，以美化不雅的外观。常见的有叶子花、蓝雪花、软枝黄蝉、使君子等，当花季开满一整片时会相当美丽。有些悬垂性的植物也可立支架任其攀爬。

大多拥有浓密、小型的叶片，以贴近表土的方式扩展，称为"匍匐形植物"。可与向上直立形植物搭配，遮掩显露的土壤，以增加美观，例如：卷柏、白网纹、草莓、马齿牡丹等。有些植物特别适应高湿环境，有些则具有攀爬的能力。

5. 花卉的组成部分

（1）花卉根系

花卉根系的主要生理功能是吸收水分、营养、贮藏同化物质、支持锚定植株、合成分泌物质等。双子叶根的初生结构由外至内可分为表皮、皮层、中柱三部分；裸子植物、被子植物的根之初生结构中会出现维管形成层、木栓形成层的次生分生组织，在它们的作用下根便能够生长而逐渐加粗。种子植物的根通常由主根、侧根和不定根组成，其通过伸长、分枝、加粗等一系列过程会在土壤中形成庞大的根系。根系因植物种类、环境条件不同可以分为直根系、须根系两种类型。直根系通常为双子叶植物所有，有明显主根，其入土较深，为深根系。须根系通常为单子叶植物所有，无明显主根，其入土较浅，为浅根系。从长有根毛处至根端的一段被称为根尖，这里是根系生命活动最为旺盛的部分，物质的吸收合成是在这里进行，根系的伸长扩展也是在这里进行。很多花卉的根会出现变态而形成块根、肉质根等，它们的主要作用是贮藏营养物质。

（2）茎干

花卉茎干的主要生理功能是支撑植株、运输营养、贮藏养分等。它是蕨类植物、种子植物由维管植物的胚芽发育而成的体轴部分。很多植物的茎都是辐射对称的圆柱形，在形态建成过程中会伸长、分枝，裸子植物、双子叶植物的茎生长过程中还会加粗。茎的伸长是通过茎尖的初生生长进行，有些植物还可通过节尖的居间分生组织，完成伸展性生长。双子叶植物的茎通常由表皮、皮层、维管束所构成，茎的加粗生长是由形成层、木栓形成层所进行的次生生长而完成的，这是裸子植物、双子叶植物所特有的生长方式。

> **重点提示**
>
> 花卉的茎干通常呈直立状态，但有些花卉的茎是匍匐于地面生长的，这种类型的茎叫匍匐茎；还有一些花卉的茎细长且柔软，能够借支撑物攀缘向上生长，这种类型的茎叫缠绕茎；另有一些花卉的茎能够靠卷须、吸盘依附在其他物体上进行生长，这种茎叫作攀缘茎。有些花卉的茎干由于变态而形成根茎、块茎、鳞茎、球茎等，它们通常是重要的繁殖材料。

（3）叶片

花卉叶片的主要生理功能是进行光合作用、蒸腾体内水分等，它是由茎尖的叶原基发育而成的。对于某些花卉而言，叶片也可以作为繁殖材料。从形状上进行划分，通常将每个叶柄上生有一枚叶片的叶叫单叶，每个叶柄上生有多个小叶的叶为复叶。叶片在茎干上的排列方式称为叶序，其可以分为对生、互生、轮生。绝大多数的叶片由表皮、叶肉、叶脉组成，它们的形态也会影响到植株的生长发育。一般来说，叶片较为肥大、角质层不发达的花卉种类易于失水；而叶片较小、角质层发达的花卉种类不易失水，这些特点在管理时要加以注意。植物的叶片通常分为单叶、复叶两种类型。典型的单叶仅具有叶片、叶柄、托叶三部分；而复叶分为单身复叶、三出复叶、羽状复叶、掌状复叶等几种类型。

（4）花朵

花卉的花朵主要生理功能是繁衍后代，被子植物的花变化很大，形态各异。花朵是由茎尖的花原基发育而成。一朵典型的花主要由花萼、花冠、雄蕊群和雌蕊群组成，它们由外至内依次着生于花梗顶端的花托上，这样的花被称为完全花。花朵可以单生，也可以按照一定的方式、顺序排列于花序轴上而形成花序，通常花序分为无限花序和有限花序两大类。前者开花的顺序是花序轴基部的花朵先开，随后从下至上的花朵依次开放；而后者的开花顺序是花序轴顶部的花朵先开，尔后从上至下的花朵依次开放。从园艺学的角度来看，花朵为主要观赏部位，它从未开放至完全开放的整个阶段均有观赏价值，依不同的花卉种类而异。从植物学的角度来看，花朵普遍不耐恶劣环境，是容易受到伤害的器官，因此在管理上要精心呵护，多加注意。

（5）果实

花卉果实的主要生理功能是贮藏营养物质。它由受精的花朵发育而成。在生长发育过程中，其体积、重量不断增加，当完成一系列生理变化后停止生长进入成熟阶段。当果实成熟时，在其表皮细胞中的叶绿素分解、花青素等不断积累，因此果色由绿转为红、黄等色，它本身所合成的醇类、酯类等芳香化合物也不断释放。随着果实的成熟，其所含的酸类减少，而所含的糖类增加，在水解酶的作用下，果实的细胞松散、组织软化，容易崩解。果实通常分为单果、聚花果、聚合果三种类型。其中单果是由一朵花中的一个单雌蕊或复雌蕊所形成的

果实，通常分为肉质果和干果两种类型，肉质果包括浆果、核果、柑果、梨果、瓠果；干果主要包括荚果、蓇葖果、角果、坚果、翅果、瘦果、颖果、分果。聚花果又称复果，是由整个花序所发育的果实；聚合果是由一朵花中的许多离生单雌蕊聚集生长在花托上，并与其共同发育所形成的果实，每一离生雌蕊各为一个小果，根据小果的不同种类可以将它们分为聚合坚果、聚合蓇葖果、聚合核果、聚合瘦果。

（6）种子

花卉种子的主要生理功能是贮藏营养物质、繁殖后代等。它是被子植物的花经过传粉、受精，雌蕊内的胚珠所发育而成的，因此它们具有重要的生物学意义。无论是双子叶植物，还是单子叶植物，根据它们的种子是否具有胚乳，通常分有胚乳种子、无胚乳种子两种类型。被子植物的种子在果实中能够受到很好的保护。种子通常由胚、胚乳、种皮三部分组成，它们分别由合子、初生胚乳核、珠被发育而来。

有些花卉种子在萌发时需要光线，它们即通常所说的需光种子，亦称喜光种子，常见的有龙胆花、洋地黄等植物的种子。这类种子在播种时避免盖土过厚，最好能够使它们接受部分光照，以便获得更高的发芽率。有些花卉种子在发芽时不需要光线，它们即通常所说的需暗种子，亦称忌光性种子、喜暗种子。常见的有观赏葫芦、曼陀罗、雁来红等植物的种子。这类种子在播种时应该用土盖严，不要使它们暴露在光下，这样才能有更高的发芽率。

第二节 花卉种植需要的条件

1. 花卉需要的土壤

有养花经验的人都说:"土壤是花卉赖以生存和生长良好的物质基础。"这话一点也不假。因为土壤和花卉的接触最亲密、最直接,它不仅为花卉提供生长所需的矿物质、有机物、水分、氧气等营养元素,还担负着花卉根部的通风、保温、蓄水等职责。

土壤有天然土和人工培养土两种,天然土壤因地域差别大致又可分为黏土、沙土、壤土等,每种天然土的功能和使用方法各不同。家庭地栽花卉可用一般的天然土,而盆栽花卉因其根系活动范围被"圈定",所以对土壤的要求比露地栽培更严格,既要求土里面营养物质全面,又要求土壤透气性好、锁水能力强,但天然土壤中没有一种土能做到面面俱到。

因此,最好的方法是使用人工配制的培养土,这种培养土是根据花卉不同的生长习性,将两种以上的土壤或其他基质材料,按一定比例混合而成,以满足不同花卉生长的需要。

2. 我们常见的土壤

种植花卉我们常用的土壤有以下几种:

（1）腐叶土

就是用植物的枯枝落叶、杂草，掺入水和粪便腐蚀后制作而成的土壤。市场上买的腐叶土呈棕黑色，和天然黑土相像，土质松散，透气、透水性好，土里营养物质丰富，是优良的盆栽花卉用土，哪怕单独使用，也适合多数家庭花卉，如秋海棠、栀子花、仙客来、报春花、兰花等。

（2）园土

一般是指郊区种植蔬菜的土壤。这种土壤因经常耕作，土质肥厚，是配置培养土的主要原料之一。但这种土表层易板结，淋湿后透气、透水性差，不宜单独使用。

值得注意的是，像建筑土地上挖出来的土，是绝对不能充当园土的。这种土干燥时易龟裂，湿润时像泥浆，透气、透水性都很差，很容易影响花卉正常生长，有时甚至会导致花卉死亡。

（3）沙土

是传统的盆栽花卉用土，市场上很容易买到。但相对腐叶土来说，这种土颗粒细，透气、保水能力稍差，单独使用时常用来栽培仙人掌等多肉花卉。

（4）厩肥土

用牲畜粪便、残余饲料混合的发酵物，这种土含多种有机质和

钾、磷等养分，一般作为基肥，可改善盆土板结的情况。

（5）针叶土

用松柏针叶树的落叶残枝堆积腐蚀而成，因其土质呈现独特的强酸性特质，单独使用时并不适用栽种一般大众花卉，只适合栽培杜鹃类喜酸性环境的花卉。

3. 怎样选择土壤

选择土壤除要分清品种，还要熟识其性质，注意是酸性，还是碱性。大多数花卉喜偏酸性土壤或中性土壤。一般来说，酸性土颜色较深，多为黑褐色，且土质疏松，捏在手中有种"松软"的感觉，松手后土壤易散开、不结块；而碱性土颜色偏白、黄等浅色，质地坚硬，用手捏后易结块且不散开。

一般盆栽花卉使用的培养土，可将腐叶土、园土、厩肥土，以2∶2∶1的比例混合，或将园土、腐叶土以1∶2的比例混合而成。这种培养土让土质更完善，透气性好，养分充足，一般家庭花卉均可栽种。

少数喜欢偏碱性土壤的花卉，如石榴、木槿等，可用腐叶土、厩肥土、园土，以1∶1∶2

的比例混合成培养土栽培。

牛粪制作培养土方法简单，干、湿牛粪均可制作。先将湿牛粪弄成饼状，在太阳下暴晒消毒，待干燥后，用水润湿，捣成粉末状，堆积踏实，上盖塑料薄膜发酵。一般气温20℃以上，4～5周即可。待牛粪表面长满菌丝后再次捣碎，泼水润湿即成。干牛粪也按同样方法制作。以后根据株龄大小和植物喜肥与否等特点，灵活配成二八或三七粪土。一般花卉培养土可用沙土1份、园土1份、干牛粪2份、炉渣灰1份、菜地表层熟土1份混配。耐阴植物可用干牛粪2份、园土和细沙各2份混配。仙人掌类可用干牛粪1份，园土和河沙各0.5份混配，此牛粪土特别适宜栽种君子兰、蟹爪兰、栀子、杜鹃等植物。

以上只是按大多数花卉需要而配制的培养土。实际上，配制培养土并不是非要按上述固定的比例或模式进行，只要配制出的培养土营养丰富，具有良好的排水、透气性，保水能力强，干燥时不开裂，湿润时不成浆，不含虫蛹，都可算是成功的培养土。市面上还有不少已经配好的培养土，专用型或通用型，多经消毒灭菌，营养更为全面。

重点提示

近年兴起一种叫水培的养花方式，它将花卉所需的各种养分集合到一起，配制成营养液，让植株直接吸收，比传统的有土栽培更省事和卫生。但因营养液配制方法较复杂，一般不自行配制，可直接到花卉商店购买水培花卉专用肥。许多花卉适合水培，只需要定期换水、加肥即可。

4. 光照对花卉的作用

根据花卉对光照时间的需求不同，人们通常将它们分成阳生花卉和阴生花卉两大类型，前者需要充足的光照下才能生长良好，例如佛手掌、荷花、石榴、睡莲、无花果、月季等；后者不需要强烈的日光照射，例如龟背竹、巢蕨、肾蕨、铁线蕨等。对于阳生花卉来说，充足的日光照射是必不可少的，如果将其置于环境荫蔽之处，则其生长就会日趋衰弱，久而久之甚至会导致植株死亡。而对于阴生花卉而言，情况与之相反，如果将其置于日光充足的地方，它们的叶片多会黄化，生长停滞，最终多会由于代谢紊乱而死亡。因此必须根据花卉的不同类型来将其安置在不同的光照环境中，也就是说只有将所栽种的花卉摆放到适宜的环境中它们才能生长得更好。很多栽培者由于不了解花卉对光照的需求状况，如将石榴摆放在不适宜的光照条件下，最终结果是所栽种的花卉生长状况不佳。

光照对花卉生长是极其重要的，因为绿色植物只有在太阳光的照射下才能将二氧化碳和水转化为其生长发育所必需的碳水化合物

和能量。也就是说，它们只有依靠光照的作用才能像动物那样摄取生存所必需的营养。在阳光的照射下，花卉的形态也会受到影响，对于阳生花卉而言，如果将它们置于荫蔽的环境中，则植株容易徒长，因此其观赏效果很差；而对于阴生花卉而言，如果光照过强，则植株叶片容易皱缩、黄化，生长处于抑制的状态。在实际栽培中，必须对所养花卉究竟喜欢强光照射，还是喜欢荫蔽环境做一基本了解，否则对它们的日常管理不利。在合适的光照下，花卉能够正常地吸收所需要的矿质营养；光照不适宜，则它们的根系吸收能力也会变弱。对于很多花卉来说，光照时间的长短直接影响到它们能否正常开花，例如像长寿花、菊花、蟹爪兰、一品红等花朵的开放与光照时间密切相关。如果将蟹爪兰这种喜短日照的花卉放在日照较长的环境中，其就会出现植株不爱开花的情况。总而言之，光线照射对花卉的生长发育、形态建成起着特别重要的作用，栽培花卉要想获得成功，并不只是浇好水、施好肥就行，如果忽视了光照这一重要环节，那么也无法将它们管理得苗壮繁茂。

　　光照强度对花卉的光合作用影响很大，在一定范围内，光照强度与光合速率呈正相关。然而，当光照强度超过一定范围时，植物的光合速率增长缓慢，而光照强度继续增加直至某一点时，植物的光合速率就不再增加，此种现象称为光饱和现象。开始出现光饱和现象的光照强度称为光饱和点。不同的花卉，其光饱和点也并不相同。通常，光饱和点的数值仅反映了花卉单叶的光合状态，因为群体交错生长，即使暴露在强光下的叶片达到了光饱和点，群体内部的叶片可能仍然处于光饱和点以下。

第一章 花卉种植基础知识

花卉每天接受光照时间的长短直接影响着其生长速度、发育状态。如果植株经常处于光照不足的条件下，就会影响到它对二氧化碳的吸收，从而使其体内积累的同化物含量有所下降。由于花卉要靠这些同化产物作为生长的原料，久而久之，这株花卉就会处于营养衰竭状态。

5. 温度对花卉的影响

温度是影响花卉生长的重要条件之一，它能影响植物的光合作用、呼吸作用、蒸腾作用、水和矿物元素的吸收、营养物质的运输和分配等，从而决定植物的生长发育速度和体内一切生理变化。

大多数花卉在 4 ~ 36℃ 的范围内都能存活，超过生长的最高温和最低温，花卉就会自然休眠或被迫休眠，这对花卉生长极其不利。因此，若想要种好花，必须先了解温度对花卉的影响以及花卉的耐热力（花卉能忍耐最高温度的能力）和耐寒力。

（1）温度过高

从植物生理情况来说，温度过高会加快植物呼吸的频率，导致植

物本身有机物的合成速度比消耗速度慢，水分流失快，代谢功能紊乱，植株上会出现斑点，会造成叶片、果实、花朵脱落，时间一长或达到植物的最高耐热点，植物就会死亡。高温下病虫活动频繁，对花卉的危害加重。

花卉种类万千，因其产地不同，耐热力也不同，一般植物能忍受45℃左右的高温，有些仙人掌甚至可忍耐60℃的高温，所以在自然高温下，能直接热死花卉的现象还是少见的。只要不是长期暴晒，一般花卉在遭遇高温时，及时遮阴并对其进行补水，它仍然会生长旺盛。

（2）温度过低

对花卉来说，高温只能算是纸老虎，而低温则是名副其实的山中老虎。因为高温带来的伤害虽直接却不致命，但低温却会导致花卉死亡。比如说原产热带和亚热带的红掌、一品红等花卉，温度在25℃以上时，它们可茁壮成长，当温度降至10℃，生长就会变得缓慢，到5℃时要靠休眠来防寒，低于5℃，很可能出现冷害、冻害，甚至是死亡。北方冬天很多时候气温都会低于5℃，且一旦对花卉造成伤害，通常没有明显有效的挽救方式。

也有少数花卉反其道而行，越是低温，反而越是花开绚烂，像蜡梅、白玉兰等，哪怕是在0℃以下的环境里，也能保持盎然生机。对喜寒冷气候的家庭花卉来说，冬天是其最乐于成长的季节，此时养花人只需要注意不要让室温太高即可，否则花卉就要更多、更快地消耗养分，从而影响其生长和开花。

6. 不同花卉对温度的要求

人们为了便于栽培管理，通常会根据花卉的抗寒能力，将其分

第一章 花卉种植基础知识

为以下三大类。

耐寒花卉：如玉簪、萱草、丁香、迎春、金银花、梅花、南天竹、海棠、木槿、龙柏等，这些花卉能忍耐零下20℃左右的低温，哪怕是在东北露地过冬都没问题。因此冬天时可不必大费周折地将其搬进室内或移进温室中，只需施好肥料，将根部埋在土里，置于室外朝阳避风的地方即可。

稍耐寒花卉：如龟背竹、石榴、月季、吊兰、君子兰、仙客来、昙花、菊花、芍药等，大多能耐零下5℃左右的低温。当天气极度寒冷时，有的花卉需要包草保护才能越冬，有的需要在0℃以上的室内越冬，还有的可和耐寒花卉一样置于室外。品种不同，采取的措施也不同，养花人应耐心地加以区分，然后用不同的方式对待。

不耐寒花卉：如蝴蝶兰、米兰、白兰、大花蕙兰、茉莉、栀子花、马蹄莲等，在冬天时一定要搬进温度在5℃以上的室内，及时采取保暖措施，否则这类花卉一受到冷空气影响就可能毙命，来年就无法看到其开花的样子了。

重点提示

同一种花卉在不同的发育阶段，对温度的要求也不一样，如大多数花卉在播种时要求土温偏高些，以利于种子吸水、萌芽和出土；幼苗出土后温度可略低些，如果此时温度过高，幼苗易徒长，致使植株细弱；当花卉进入正常的生长期后，则需较高的温度，因为高温有利于营养物质的积累；而到了开花阶段又要求温度略低，以利于花朵的生殖生长。

7. 水分对花卉的作用

水是生命之源，任何花卉都离不开水分，但也不是水分越多越好，植物的生长需要适量的水分。水是光合作用的原料，它可以调节植物体的温度，它也参与植物的各种生理活动，并且对营养的运输水也具有不可替代的作用。

水是一切生物的重要组成部分，花卉鲜重的40%～95%是由水分组成的。水分的循环与植物的光合作用、呼吸作用、蒸腾作用密切相关，直接影响植物的生长、发育、繁殖、休眠等生理活动。

首先，水是溶剂，植物生长所需的矿物质、微量元素等必须溶解于水才能被根系吸收和在输导系统中运输。土壤湿度一般以田间持水量60%～70%为宜。空气湿度过大易使幼苗感染病害。空气湿度在65%～70%为宜，当空气湿度减少时，色素形成较多花色变浓。

其次，水是介质，植物体内的呼吸氧化和各种酶促反应都必须在有水的环境或有水的参与下才能进行。

再次，水是运输的动力，植物依靠水分的蒸腾作用把根系吸收的营养物质运输到各处，同时水分的蒸发可降低叶表面的温度。

水分的含量直接影响花卉的生长发育，水分过多，植株徒长、抑制花芽分化，导致烂根和病虫害发生；水分过少，花卉生长缓慢、发育不良，并逐渐萎蔫。花卉种子的贮藏和萌发也与水分含量密切相关：种子必须在含水量低于15%的条件下才能安全贮藏，而萌发则必须在湿润的环境中才能发生。

8. 不同花卉需水要求不一样

各种花卉由于原产地水分环境的差异，具有不同的需水要求，花卉按其需水性和对不同水分环境的适应能力，一般可分为水生花卉和陆生花卉，陆生花卉又可进一步分为湿生花卉、中生花卉和旱生花卉。根据植物对水分的需要量的大小，花卉可以分为四大类。

（1）水生花卉

这类花卉必须在水的环境中，由于水中氧气很少，其根茎和叶拥有高度发达的通气组织，荷花、睡莲等即属于这类花卉。

（2）湿生花卉

这类花卉由于生活在水分充足的潮湿环境，往往叶大而薄，柔嫩多汁，根系浅，分枝少。

（3）中生花卉

这类花卉需水较多又怕过湿，适宜在土壤湿润而排水良好的环境生长，过干或过湿的条件均对其生长不利，广玉兰、夹竹桃、紫薇、白兰花、梅花等属于这类花卉。

（4）旱生花卉

这类花卉由于生活在干旱的荒漠、沙漠地带，逐渐形成了与这种环境相适应的形态结构，如叶片退化、消失，表皮变成针刺、茸毛、鳞片状，茎高度肉质化，根系极发达，属于这类花卉的有仙人掌类、落地生根、石莲花等。

花卉在生长发育的各个阶段对水分有不同的要求。种子萌发和幼苗生长阶段需水较多，茎叶生长阶段要有足够的水分，花芽分化期应适当控制水量，孕蕾和开花阶段需水量多，后期果实和种子成熟阶段需水又较少。栽培花卉时应根据这些规律控制花卉的给水量，保证花卉在各个生长阶段都能有最合适的土壤温度，花卉才能生长良好。

9. 肥料的作用和种类

花卉植物生长必须有适量的营养物质才能良好生长、正常发育。在各种营养物质中，植物需要量最大的元素是氮、磷、钾，有时需要及时施肥补充，才能满足植物的生长发育。从它们对植物生长发育的作用来看，这三大元素各有特点。氮素可以促进枝叶茂盛，增加叶绿素，过少时会使植物瘦小叶片变黄，但是若氮肥施用过量会使花卉疯狂生长，延迟开花或不开花。磷肥可以使植物的茎变得坚韧不易倒伏，根系更发达，促进开花。钾肥对根和茎都有好处，并可以提高植物的抵抗病虫害的能力。

肥料的种类很多，一般都是用来补充氮、磷、钾的，分别称作氮肥、磷肥、钾肥。根据肥料的化学性和来源，可以分为无机肥料和有机肥料。

无机肥料易溶于水，肥效快，有些花卉商店出售的肥料大多是这

第一章 花卉种植基础知识

一类，可以是单一的钾肥、磷肥、氮肥，也可能是这三种肥料按恰当的比例配制而成的混合肥。无机氮肥一般使用硫酸铵、硝酸铵、氯化铵、尿素；无机磷肥常见的为过磷酸钙、磷矿粉；无机钾肥有硫酸钾、氯化钾。无机肥料，虽然见效快，但千万不能施用过量，如果是施用商品无机肥料，必须按照说明使用，否则可能使植物"烧死"。

有机肥料含有大量有机质、肥效缓和、施后无副作用，并可改良土壤，一般都对花卉比较安全。其中有机氮肥有人粪尿、家禽及家畜粪等，磷肥有米糠、骨粉、鸡粪等，钾肥有草木灰等。平常人们吃剩的牛奶也可以做肥料，但必须多放置几天让微生物将牛奶发酵分解以后再使用。

从施肥方式来说，肥料的施用可分为基肥和追肥。基肥是在播种、移植、定植之前施入土壤的肥料，应该适量充足地混合施用，即有机肥、无机肥配合使用，氮肥、钾肥、磷肥按比例混合使用。在施用有机肥料时必须注意的是，人粪尿等肥料必须充分腐熟，最好消毒后才使用。追肥是在花卉种植以后，根据它们的生长发育情况进行的施肥，要观察植物的生长发育状况，看是否缺少某种元素以对症施肥。

10. 自制养花肥料

①利用不能食用的豆类、花生米、瓜子等油料作物，将其敲碎，在锅里煮烂，放在小坛里加满水，再密封起来发酵腐烂，用来浇花木，就是理想的氮肥。夏季沤制10天后即可取出上层肥水施用，用后加足水备以后再用。

②磷肥可利用鱼肚肠、肉骨头、鱼骨头、淡水鱼下脚、鸡鸭鹅毛、蟹壳等发酵腐熟得到。

③淘米泔水、剩茶叶水、草木灰水等有很浓的钾肥。

蛋壳和茶叶不宜直接倒在花盆里，蛋壳内残存的蛋清渗入盆土表层发酵产生热量，会灼伤植株根部。茶叶含有茶碱、咖啡碱等，对土壤里的有机养分有一定破坏性，不利盆花生长。肥料沤制一定要等到肥水变成了黑色，才可倒出来加入清水（大约9份水加1份肥水）再浇到花盆里，切不可使用生肥。

现介绍一种花卉复合肥：将蛋壳、碎骨、鱼骨、果皮、瓜皮、茶叶、洗鱼肉水、洗米水等，用瓶或大的塑料桶加水沤制发酵，其内含氮磷钾微量元素等较全面的营养，用此肥浇花，花肥叶壮。

牛粪也是养花的好材料，具有质地疏松、透气性能好、保水力强、肥素齐全等优点。经测定，每千克干牛粪中含氮11.87克、磷15.6克、钾 6.2 克以及其他多种养分。用园土和干牛粪各 50% 相混合制成的培养土，干燥时不裂口，潮湿时不成团，浇水后不结皮，大水淋后不成泥，不板结。干牛粪本身又可吸收大量水分，使盆土保持较长时间湿润状态。这样，花盆容积虽小，盆土尽管也不多，依旧能较好满足花卉生长发育的要求。

蛋壳肥效丰富，鸡蛋壳中含有 93% 的碳酸钙，4% 的有机物，有机物中主要是蛋白质，在土壤中经过微生物的作用，可转化为容易被花卉吸收的碳和硫；蛋壳还含有 1% 的碳酸镁；2.8% 的磷酸钙和镁等化合物。凡粘在蛋壳上的蛋清，含有氮、磷、钾、钠钙、镁、铁、氯等元素和锰硅、硼、碘等微量元素。加上这些多种元素在根系分泌的草酸中慢慢分解，可以供给植株吸收利用。

11. 阿司匹林在花木栽培中的应用

阿司匹林又称乙酰水杨酸，它在水中分解成水杨酸和醋酸。水杨酸有抗菌及防腐作用，醋酸能抑制乙醇酸氧化酶的生物活性，使光合产物增多。

①提高苗木成活率。用 500ppm 的阿司匹林溶液浸泡裸根花苗、树苗，可提高成活率，在花苗及树桩盆景移栽时，用 30～50ppm 的阿司匹林溶液作定根水浇灌，成活率可达 97%；在花木扦插时，用此溶液浇灌或叶喷，可防插条切口腐烂。

②促使花木生长健壮、提高产量。在花木生长过程中，使用 300～500ppm 溶液浇灌，能使花木生长健壮，花艳果大。

③作苗木的抗旱剂。用 500ppm 的阿司匹林溶液喷洒花木，能显著减少植株体内水分蒸发，提高苗木抗旱能力。

④处理种子。用1%的阿司匹林溶液浸种或拌种，能刺激花卉种子萌发和促进花卉幼苗根多苗壮。

⑤延长插花寿命。使用0.03%的阿司匹林溶液进行插花，能延缓鲜花凋谢枯萎时间，使鲜花保鲜时间延长一周左右。

用阿司匹林处理树桩盆景可使树桩提前抽芽吐绿，提高成活率，同时缩短养坯时间。其法如下：

①在植物休眠期开采树桩，挖掘时注意减少创面和多保留细根。

②将树桩的病根、枯枝、废枝去掉，较粗根的截断面用锯子锯平，细根用枝剪剪平，然后放入浓度为5%左右的阿司匹林溶液中浸泡4~6小时。

③上盆盆土用河沙、田园土和锯木屑按4：5：1比例配制，上盆后将土踏实，用5%的阿司匹林水溶液为定根水浇灌，最后置于遮阴处。

12. 缓释复合肥

缓释复合肥，是通过对氮、磷、钾及一些金属微量元素控制性释放，延长肥效至一年，有的甚至到三年，以达到防止土壤中养分的流失，精确使用肥料，使操作更简便，节省人力，减小投资的目的。因此其研究开发与生产具有广泛前景。

缓释复合肥是一种能用于农业、林业、专业园林的复合肥料，符合多年生作物的需肥平衡。其主要特点：

①缓释复合肥具有独特的成分能自始至终提供给作物以良好的肥效。

第一章 花卉种植基础知识

②它含有高质复合营养成分，能提供植物根系1～3年全部必需营养元素及微量元素。

③能维持多年生作物一个良好的需肥平衡。

在作物的生长过程中，缓释复合肥根据作物需要而提供营养。缓释复合肥在土壤湿度、根系活动、微生物活性、离子交换情况和土壤温度的影响下，进行着慢慢的扩散，因此，缓释复合肥在土壤中溶解释放的时间也相应受其影响，由于它具有良好的作物安全性，作物新根在趋肥性作用下逐渐向缓释复合肥生长，几周后能围绕它形成较为密集的良好根系。3～6个月后，根系直接生长穿透肥料。因为良好的作物安全性，即使是不耐盐作物，也能正常生长。磷和钾离子由离子交换作用而得到释放，全氮的四分之一以尿素形式扩散于土壤溶液中，不可溶部分氮将在微生物作用下逐步矿化。

在作物生长期较短的地区，缓释复合肥肥效能维持约三年，在温

重点提示

缓释复合肥同样适用于所有的花园和公园的园艺灌木，如玫瑰、松柏、杜鹃等，而且还能施用于有一定坡度的地方，既简便又没有环境问题，在种植植物时，直接将缓释复合肥施于种植穴中，即使有强烈的降雨和灌溉作用，也不会发生流失，从而保持良好的养分，更好地促进生长和开花。

暖湿润，作物生长良好的情况下，其肥效为1～2年。缓释复合肥在盆栽、园艺观赏树木及灌木种植上有广泛应用前景。缓释复合肥能在整个盆栽期间提供良好的平衡和稳定的营养供应，由于没有养分流失，可达到既经济又安全的效果。

第二章

家养花卉介绍

第一节 适合养在阳台的花卉

1. 太阳花

太阳花又称半枝莲、午时花、松叶牡丹、大花马齿苋、洋马齿苋，属马齿苋科，为一年生肉质草本植物，最初产于南美巴西。

太阳花喜欢温暖、干燥、光照充足的环境，不能抵御寒冷，怕水涝，在阴湿的环境里会生长不好。花朵见到阳光就开放，清晨、晚上和天阴时则闭合，光线较弱时花朵不能够完全盛开，因而又被叫作午时花。花期为6—10月。花色有红、粉、橙、黄、白、紫红等深浅不一的单色及带条纹斑的复色。

太阳花具有很强的适应能力，非常能忍受贫瘠，在普通土壤中都可以正常生长，然而最适宜在土质松散、有肥力、排水通畅的沙质土壤中生长。可用3份田园熟土、5份黄沙、2份砻糠灰或细锯末，再加少许过磷酸钙粉均匀拌和成培养土。太阳花对花盆没有特别要求，用泥盆、瓷盆及塑料盆皆可，也可以用其他底部能排水的容器。

栽培时在花盆底部排水的地方需铺放几块碎砖瓦片，以便于排水。在花盆中放入土壤，然后将太阳花种子播入其中，浇透水分。太阳花播种后不用细心照料也能成活，只是盆土较干时浇一下水即可。

太阳花不能忍受霜冻，遇到霜便会干枯而死，所以秋天长出来的幼苗冬天要在温室里过冬。

太阳花对吸收一氧化碳、二氧化硫、氯气、过氧化氮、乙烯和乙醚等有害气体很有成效，也能够较好地抵抗氟化氢的污染。盆栽太阳花在房间内观赏时，能够较好地吸收及抵抗家电设备、塑料制品、装修材料等释放出来的有害气体，减少它们对人们身体健康的伤害。

太阳花喜欢光照条件好的环境，可以盆栽摆放在阳台、窗台等光线较充足的地方，也可以直接栽种在庭院里观赏。

重点提示

太阳花寓意着光明、乐观，是一种积极的生活态度，因此得到很多人的喜爱。太阳花具清热解毒、活血祛瘀、消肿止痛、抗癌等功能。民间除治毒蛇咬伤外，还用来治肿瘤，有一定的疗效。紫白色花，七八月采用，可治咽喉肿痛、烫伤、跌打刀伤出血、湿疮。咽喉肿痛捣汁含漱，其他捣糊外敷。

2. 月季花

月季花又称月月红、月生花、四季花、斗雪红，属蔷薇科蔷薇属，为蔓状与攀缘状常绿或半常绿有刺灌木。最初产于北半球，近乎遍布亚、欧两个大洲，我国为月季的一个原产地。

月季花喜欢光照充足、空气循环流动且不受风吹的环境，然而光照太强对孕蕾不利，在炎夏需适度遮光，喜欢温暖，具有一定的忍受寒冷的能力。可以不断开花。花期为5—10月。花色有红、粉、橙、黄、紫、白等单色或复色。

月季对土壤没有严格的要求，但适宜生长在有机质丰富、土质松散、排水通畅的微酸性土壤中。排水不良和土壤板结会不利其生长，甚至会导致其死亡。含石灰质多的土壤会影响月季对一些微量元素的吸收利用，导致它患上缺绿病。种月季以土烧盆为好，且盆径的大小应与植株大小相称。如果是用旧盆，则要洗净；如果用新盆，则要先浸潮再使用。

栽培时选取一根优质的月季枝条（以花后枝条为好），剪去枝条的上部，将余下的枝条约每10厘米剪截一段，作为一根插穗，保留上面3~4个腋芽，不留叶片或仅保留顶部1~2片叶片。将插穗上端剪成平口，下端剪成斜口，剪口需平滑。将插穗下端浸入500毫克/升的吲哚丁酸溶液3~5秒，待药液稍干后，立即插入盆土中。入盆后要浇透水分，放置遮阴处照料，大约一个月后即可生根。

入盆后的前10天要勤喷水，保持较湿的环境，10天后见干再喷，保持稍微湿润的状态。在气温较高的7—8月不能施用肥料；进入秋天后则应减少氮肥的施用量，增加磷肥和钾肥的施用量；进入冬天

后应施用底肥，日常也可以结合浇水施用较少的液肥。

月季可以散发出挥发性香精油，能够将细菌杀灭，令负离子浓度增加，让房间里的空气保持清爽新鲜。

月季花颜色艳丽、花期长，可盆栽或插瓶摆放在窗台、天台、阳台、餐厅、客厅、卧室、书房等处，也可以直接在庭院里栽培。

3. 米兰

米兰又称米仔兰、树兰，属楝科米仔兰属，为常绿灌木或小乔木。最初产于我国南方及东南亚区域。

米兰喜欢温暖、光照充足的环境，也能忍受半荫蔽，不能抵御寒冷。喜欢潮湿，不能忍受干旱和积水，畏较高的温度和通风不畅。具有较强的萌生新芽的能力，长得很快，经得住修剪。花期为全年都能开花，其中以夏天和秋天最为繁盛。花色多为黄色。

米兰喜欢有肥力、土质松散、排水通畅且腐殖质丰富的微酸性土壤或沙质土壤。栽种米兰适宜选用泥盆，尽量避免使用透气性不好的塑料盆。

栽培时在花盆底部排水的地方需铺放几块碎砖瓦片，然后放入少量土壤。将米兰幼苗植入盆中，继续填土。上盆后需对植株浇透水一次，此后半个月内浇水宜少，以促生新根。

米兰掉叶子的主要原因有两个，一是水多了，水多了会导致米兰根系无法呼吸，水分无法传导到叶面上，造成窒息烂根。米兰水多了表现在下部叶片卷曲，干枯，变成褐色掉落，进而导致上层绿色叶片短时间内也掉落。二是水少了，长时间缺水，会导致米兰的根系枯死。此时再给米兰浇透水，会在短时间内大量落叶，导致植株死亡。当然，还有施肥不当、通风不畅、受冻落叶等很多原因。

米兰的花、枝、叶均可药用。花性平和，有行气解郁、疏风解表功效，可治胃腹胀满、噎嗝初起、咳嗽、头昏、感冒等疾病。

米兰适合摆放在客厅、卧室、书房、阳台等阳光充足的地方，也适合在庭院里栽培观赏。

> 米兰的花朵虽然不大，但花量巨大，多头集群开放，盛花期时，几乎每一根枝条都会被大量的花朵占满，绿色的叶片分布在两侧，使得花朵看起来更加唯美。米兰花的颜色是黄色，非常亮眼，即使是不开花的时候，其翠绿的叶色和紧凑的株型也使其成为优秀的盆栽观赏绿植。

4. 石蒜

石蒜又称蟑螂花、龙爪花、彼岸花、曼珠沙华，属石蒜科，为多年生草本植物。最初产自我国，分布在长江流域和西南各省。

石蒜喜欢光照充足的环境，能忍受半荫蔽，也能忍受强烈的阳光久晒。喜欢潮湿，也能忍受干旱，略能抵御寒冷。抗逆性比较强，长得健康壮实。花期为8—9月。花色有鲜红色或具白色的边缘、白、黄色等。

石蒜对土壤没有严格的要求，能忍受弱碱性土壤，然而在有肥力、腐殖质丰富、土质松散、排水通畅的石灰质和沙质土壤中长得最好。可使用泥盆、塑料盆、瓷盆、陶土盆，花盆口径为16～24厘米。

栽种时在春天植株的叶片刚干枯萎缩后或秋天开花之后将鳞茎掘出来，把小鳞茎分离开另外栽种就可以。种植的时候种植深度以土壤把球顶部覆盖住为度。通常栽种后每隔3～4年便可再进行分球。在植株抽生花茎之前要施用一次追肥，在秋天嫩叶萌生出来后还要再施用一次肥料，这样能令叶丛更齐整碧绿。

石蒜花色艳丽，形态雅致，适宜做庭院地被布置，也可成丛栽植，配饰于花境、草坪为围。石蒜是东亚常见的园林观赏植物，冬赏其叶，秋赏其花，是优良宿根草本花卉，园林中常用作背阴处绿化或林下地被花卉，花境丛植或山石间自然式栽植。因其开花时光叶，所以应与其他较耐阴的草本植物搭配为好。可作花坛或花径材料，亦是美丽的切花。

石蒜的鳞茎可以用作药物，具有催吐、祛痰、消除肿胀、止痛及解毒的功效，然而要遵从医生的指导和要求，千万不能擅自服用，以防止中毒。如今，石蒜中毒大多是因误食或药用时服用的剂量太大而造成的。所以必须特别留意，家庭中有儿童的更要格外防备，要将石蒜的鳞茎及花朵收藏好，防止其误食。

石蒜花适合盆栽装饰阳台、天台、庭院，不能长时间放在过度荫蔽的地方，不然容易导致生长不好。

5. 球兰

球兰又称马骝解、狗舌藤、铁脚板、铁加杯、金雪球等，属萝藦科球兰属，球兰为多年生蔓性藤本植物，产于华南及亚洲热带。

球兰多附生于树干、石壁上，喜温暖，耐干燥，喜高温、高湿、半阴环境，夏、秋季需保持较高空气温度，忌烈日暴晒，若日照过强，叶色会泛黄，色彩粗涩而无光泽，其适宜温度为 20～25℃。花期为 5—6 月。花色有聚伞花序形状，腋生，有花约 30 朵，总花序梗和花梗被柔毛，花白色，花冠简短，副花冠星状。蓇葖果线形，光滑。

球兰喜肥沃、透气、排水良好的土壤，不喜欢黏重的盆土，所以花盆的透气性、排水性需良好。栽种球兰适合使用吊盆栽培，用 15～20 厘米盆，每盆栽苗 3～5 株。

栽种方法主要有两种：

①扦插：夏末取半成熟枝或花后取顶端枝，长 8～10 厘米，插穗必须带茎节，清洗剪口乳液，晾干后插入沙床，室温保持 20～25℃，插后 20～30 天生根。

②压条：春末夏初将充实茎蔓在茎节间处稍加刻伤，用营养包在

刻伤处包上，外用薄膜包上，扎紧，待生根后剪下盆栽，也可将盆栽球兰放在畦面，把节间刻伤后埋入土下，生根后剪断上盆。

盆栽球兰以疏松肥沃的微酸性腐殖土较佳，可用泥炭土、沙和蛭石配制成盆栽培养土，并加入适量过磷酸钙作基肥，也可用7份腐叶土掺粗砂3份作基质。球兰在生长过程中需肥量较少，上盆时可加入适量复合肥作基肥，土壤丰厚，可使其根系发达，对球兰的生长较有利。

球兰喜散光，喜半阴环境，耐荫蔽，忌烈日直射。适合摆放在阳台、卧室、书房等地，也适合在庭院里栽培观赏。

6. 金边虎尾兰

金边虎尾兰又称虎皮兰、千岁兰，属天门冬科，为多年生草本植物。分布于非洲热带地区和印度及亚洲南部，我国各地也有栽培。

金边虎尾兰有以下特性：

①喜温暖。20～25℃生长最佳，不仅生长快，而且色泽鲜艳。冬季存放室内也不得低于8℃，否则受冻易腐烂。

②喜阳光。它是观叶植物。因金边虎皮兰叶带三色，更需日光照射，光照越好，叶色更艳丽。移至室内观赏时也要注意光照。

③喜干旱。过湿叶片的基部易腐烂，盆土要干透后再浇水。

④喜薄肥。在生长期，每周结合浇水施薄肥一次。以进口的可溶性强的复合肥稀释后浇为好，同时注意灭菌工作，也可以肥水药剂一起施入。这样一是减少了浇水量；二是施好了薄肥；三是灭了菌，以免细菌繁衍腐蚀根与植株。

⑤喜洁净。可以用干净光滑的布擦净叶面灰尘，使叶面清洁、光亮、色泽鲜艳，提高观赏效果。

金边虎尾兰花期为11月左右，主要是观叶，叶片为绿白黄三色组合而成，即叶片边缘为黄色宽边，故名为金边虎皮兰。叶中为绿白横纹，水波形相间。虎皮兰虽也能开出白色或绿白色筒状形的花，但不美观。

盆栽可用肥沃的园土、腐叶土和沙以5∶3∶2的比例配制的培养土，另加少量腐熟的豆饼屑或禽粪作基肥。每2~3年换盆1次，宜在春季气温稳定在15℃以上时进行。栽后浇透水，先放半阴处培养。用盆最好用泥盆栽植，泥盆外可套塑料盆或瓷盆，既通风透气，外形又美观。

栽培方法主要是，每年春季气温回升后结合换盆进行分株，即将全株从盆中脱出，去掉旧培养土，露出根茎，并沿其走向分切为数株，使每株至少含有3~4枚成熟的叶片，然后分别用新培养土上盆种植。扦插繁殖材料为叶片（即叶插），在气温15℃以上均可进行。将成熟

第二章 家养花卉介绍

的叶片横切成7～8厘米长片段，作为一插穗，稍晾干后插于河沙中。扦插时注意不要倒插，保持一定的湿度，但也不宜过湿，以免腐烂。

金边虎尾兰适应性强，管理可较粗放，宜将盆株放置在北阳台或室内有明亮散射光处，避免阳光直射。让它适当接受光照，才能使叶片长得健壮秀丽，花纹清晰而娇媚。

重点提示

金边虎皮兰是一种能净化室内环境的观叶植物。在吸收二氧化碳的同时还能释放出氧气，使室内空气中的离子浓度增加。当室内有电视机或电脑启动的时候，对人体非常有益的离子会迅速减少，而金边虎皮兰的肉质茎上的气孔白天关闭，晚上打开，释放离子，吸收室内的有害气体。

7. 非洲菊

非洲菊又称扶郎花、灯盏花、猩猩菊，属菊科，为多年生宿根草本植物。最初产自非洲南部地区，少数生长在亚洲。

非洲菊喜欢温暖、潮湿、空气畅通、光照充足的环境，属半耐寒性植物，不怕酷热和积水。若条件适宜，一般全年都能开花，其中以春天4—5月及秋天9—10月最为繁盛。花色多为大红、橘红、浅红、黄、浅黄、粉等。

非洲菊对土壤没有严格的要求，最适宜生长在土质松散、有肥力、排水通畅且腐殖质丰富的沙质土壤或腐叶土中，不能在黏重土壤中生长，微酸性土壤较为适宜。盆栽时适宜用腐叶土或泥炭土。栽种非洲菊一般选用陶盆或塑料盆，以多孔的浅盆为好，盆高最好小于盆直径。

栽培时先在盆底铺上一层碎瓦片，再填入少量土壤。将非洲菊幼苗置入盆中，继续填土，非洲菊有"收缩根"，所以必须种植得浅一些，令根茎部略露出土壤表面为好。上盆后需马上浇水，并适度遮蔽阳光，令土壤维持湿润状态，直到植株萌生出充足的叶片可以自我调整为止。

非洲菊在中性或微碱性土壤中也可以生长，但在碱性土壤中植株的叶片容易出现缺铁的症状。浇水最好在早晨或太阳西下一小时后进行。

非洲菊吸收甲醛的能力比较强，还可以将打印机、复印机排放出来的苯分解掉，将烟草里的尼古丁吸收掉。

非洲菊色彩艳丽，可直接种植在庭院里观赏，也可以盆栽摆放在窗台、阳台、书房、客厅等处。

8. 夜来香

夜来香又称待霄草、月见草、月下香、山芝麻，属柳叶菜科，为多年生草本植物。最初产自北美地区。

夜来香喜欢温暖、潮湿及光照充足的环境，略能抵御寒冷，比较能忍受干旱，怕积水。花期为7—9月。花色有黄色、淡粉色等。

夜来香适合种植在土质松散、有肥力且排水通畅的土壤中，种植前要在土壤中施入合适量的底肥。花盆选用透气性好、排水通畅的泥盆，花盆口径为25厘米左右。

当植株生长处于半木质化时，剪下30厘米左右的健康壮实的茎蔓作为插穗，且要含有3～5个节。将其插入培养土中，插入深度是插穗总长的1/2或2/3即可。插后浇足水并令土壤维持潮湿状态，经过20～30天便可长出新根、萌生新芽。移植适宜于5月中旬进行，需尽可能地少损伤根系，在掘出苗木后需马上进行移植。

夜来香，作为一种美丽的花卉，以其独特的魅力和芬芳赢得了人们的喜爱。它的花瓣呈白色，在夜晚会变得更加醒目，犹如繁星点点，给人以宁静之美。夜来香的香味浓郁，有助于缓解压力，让人获得心灵上的慰藉。这种花卉不仅外观美丽，而且香气宜人，使得夜来香成了极具观赏价值的植物。

此外，夜来香还具有一定的药用价值，其叶、花、果实都能入药，具有清肝、明目、去翳的功效。在华南地区的民间，夜来香被用于治疗结膜炎、疳积上眼症等。这进一步证明了夜来香不仅仅是一种观赏植物，还具有一定的实用价值。

家庭栽种的盆栽夜来香一般摆放在客厅、窗台、阳台、露台等通风较好的地方，傍晚时移至室外。一般不将盆栽夜来香摆放在卧室。

9. 长寿花

长寿花又称圣诞伽蓝菜、寿星花,属蔷薇目景天科,为多年生肉质草本。原产于马达加斯加。

长寿花不耐寒,生长适温为15～25℃,夏季高温超过30℃,则生长受阻,冬季室内温度需12～15℃。低于5℃,叶片发红,花期推迟。冬春开花期如室温超过24℃,会抑制开花,如温度在20℃左右,开花不断。花期为12月至翌年4月。花色有绯红、桃红、橙红、黄、橙黄和白等。

长寿花耐干旱,对土壤要求不严,以肥沃的沙壤土为好。长寿花不挑盆,常用10厘米盆。

栽培在5—6月或9—10月进行效果最好。选择稍成熟的肉质茎,剪取5～6厘米长,插于沙床中,浇水后用薄膜盖上,室温在15～20℃,插后15～18天生根,30天能盆栽。

如种苗不多时,可用叶片扦插。将健壮充实的叶片从叶柄处剪下,待切口稍干燥后斜插或平放沙床上,保持湿度,10～15天,可从叶片基部生根,并长出新植株。

长寿花在生长初期需要日照时间长,开花前几周日照时间不宜过长。如果每天能保证让其见到4小时以上的直射光，会让将来的花朵更美丽，而高温时应注意遮阴、通风。

长寿花体内含有较多水分，抗旱能力较强，故不需要大量浇水，平时保持盆土湿润即可。生长期每月施1~2次含磷的稀液肥。

生长旺盛期要及时摘心，花谢后及时疏枝。每年春季花谢后，要及时换盆，并添加新的培养土，以保证来年植株有足够的营养。

此花有很高的观赏价值，不开花时还可以赏叶，是非常理想的室内盆栽花卉。因为花期临近圣诞节，而且花期长，因此成为人们衬托节日气氛的"节日用花"。

长寿花是惹人喜爱的理想的室内盆栽花卉。室内可摆放在桌面、窗台、阳台等处观赏，也常在公园、商业区的花坛、种植槽中摆放观赏。

> 长寿花的观赏价值极高，其花期长、颜值高、多季节开花的特性使得它成为了非常受欢迎的花卉之一。其花朵颜色鲜艳，花瓣层叠繁复，形态优美，无论是放在室内还是室外，都能为环境增添一份美丽的色彩。此外，长寿花还有着美好的寓意，象征着长寿和幸福，也因此深受人们的喜爱。

10. 菊花

菊花又称金蕊、帝女花、九花、黄花，属菊科，为多年生宿根草本植物。最初产自我国。

菊花喜欢阳光充足、清凉、潮湿且通风流畅的环境，比较能忍受极度的寒冷和霜冻。花期为10—12月，也有夏天、冬天和全年开花等不一样的品种类型。花色有红、黄、紫、绿、白、粉红、复色及间色等。

菊花喜欢土层较厚、腐殖质丰富、土质松散、有肥力且排水通畅的沙质土壤，在微酸性至微碱性土壤上也可以生长。栽种菊花多选用淡色的浅口石盆，其石质为大理石、汉白玉等，这样看起来较为美观。

栽种时在花盆底部铺上瓦片等物品，做成一个排水层，花盆底部应有比较大的排水孔，并需施进适量的底肥，然后置入土壤。将菊花幼苗植到盆中，轻轻压实土壤，并浇足水。把盆花摆放在背阴、凉爽的地方，待幼苗稍长高一点儿后即可移至朝阳处。

当菊花处于幼苗阶段时，需要控制浇水量，然后随植株长大渐渐加大浇水量。为了抵御寒冷，进入冬天之前需施用少量肥料，过冬期间还需施用1~2次肥料。

菊花不仅有观赏价值，而且药食兼优，可以用来泡茶、煮粥、煮羹、制菊花糕等。菊花茶香气浓郁，提神醒脑，可放松神经、舒缓头痛、降低血压和胆固醇。经常使用电脑的上班族常饮菊花茶可以保养眼睛。

盆栽菊花一般摆放在阳台、客厅、书房的向阳处，也可摆放在案几、电脑台和窗台上供人欣赏。

11. 百合

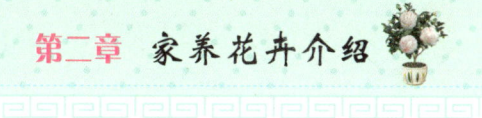

百合花又称强瞿、番韭、山丹、倒仙，属百合科，为多年生球根草本植物。最初产自我国、欧洲和北美等地区，日本亦有分布。梵蒂冈把它定为国花。

百合喜欢温暖、潮湿及光照充足的环境，比较能抵御寒冷，不能忍受较高的温度和酷热，畏水涝，能忍受半荫蔽。花期为5—8月。花色有白、粉、红、黄、橙和复色等。

百合喜欢通风顺畅的环境，畏连作。喜欢在土质松散、有肥力、腐殖质丰富、排水通畅的沙质土壤、中性土壤或偏酸性土壤中生长，土壤酸碱度最好在5.5～6.5范围内，不能在黏土及石灰土中生长。

栽种时泥盆、塑料盆、瓷盆、陶土盆皆可，一般选用筒深为12～15厘米的花盆。每一盆可以栽种1个鳞茎，或用筒深为15～18厘米的花盆，每一盆栽种3个鳞茎。

经过30天便会由叶腋间生出球芽来，经过培育就可以生长为小的鳞茎，此后便可上盆。

上盆时，花盆底部要多铺放一些碎小的瓦片，以便于排水通畅，

之后加入土壤，令鳞茎的顶芽距离盆口2厘米，顶芽上盖上厚约1厘米的土。一般于秋天进行种植，每3～4年可以分栽一次。

百合所释放出来的芳香比较浓厚，若闻的时间太长，会令人的中枢神经过于兴奋，从而导致失眠。

百合可以地栽在庭院中观赏，也可以盆栽或做切花装饰客厅、书房。但百合花散发的香味会使人的中枢神经过度兴奋而导致失眠，所以尽量不要把百合摆放在卧室内。

重点提示

百合有明显的消除有害气体的功能，可以将空气里的一氧化碳及二氧化硫消除掉。此外，它所散发出来的挥发性油类，还有明显的杀死细菌和消毒的作用。家庭栽种百合花，不可将其置于卧室内，白天可以将其置于房间里通风顺畅的地方，黄昏时分则要搬到房间外面。

12. 小苍兰

小苍兰又称香雪兰、小菖兰、素香兰等，属鸢尾科，为多年生球根草本花卉。原产地为南非。

小苍兰喜凉爽湿润与光照充足的环境，耐寒性较差，昼夜温差大，有利于生长发育，夜间温度以10～15℃为宜，白天不能超过20℃，否则生长不良。喜疏松、排水性良好、富含腐殖质的土壤。小苍兰喜冷凉、湿润环境，生长期间应给予充足的光照，但忌强光。温度保持在15～20℃，高温易致植株徒长、花期缩短。花期为4—5月。花色有红色系、黄色系、白色系、蓝色系。

小苍兰喜肥沃、疏松、排水性好的沙壤土。栽种对花盆要求不高，栽种盆器建议：13厘米口径种植3～5个球，15厘米口径建议栽种

5～7个球，17厘米口径建议栽种13～15个球。

家养盆栽时间宜在9月上中旬至10月上旬。球茎栽植好后盆土要保持湿润，约10天后开始发芽。生长初期，浇水不需过多，每周1次，要求半阴。抽莛现蕾期生长迅速，多浇水，花后30天逐渐减少浇水，茎叶枯萎停止浇水。

小苍兰花色鲜艳、香气浓郁，除白花外，还有鲜黄、粉红、紫红、蓝紫和大红等单色和复色等品种。可作为切花观赏。可用来点缀客厅和橱窗，也是冬季室内的切花、插瓶的最佳材料。

小苍兰不耐寒，也不耐高温，建议把小苍兰养在室内，放置在阳台、卧室窗前以及书房等地。

13. 三色堇

三色堇又称蝴蝶花、猫儿脸、人面花、蝴蝶梅，属堇菜科，为一二年生草本植物。最初产自欧洲。波兰把它定为国花。

三色堇喜欢冷凉气候，能忍受半荫蔽环境，比较能忍受寒冷，畏酷热和积水，一般无法结出种子。花期为4—6月。花色有蓝、黄、紫、白、古铜色等。

对土壤没有严格要求，可以忍受瘠薄，适宜在土质松散、有肥力、排水通畅的沙壤土中生长，在湿度较大、排水不畅的土壤里则很难正常生长发育。栽种三色堇用普通的泥盆为好，尽量不要使用塑料花盆。

栽种时先将花盆清洗干净，再在花盆的底部置入少量的土壤。将三色堇幼苗（带着土坨）置入花盆中，加入土壤。将盆中的土壤轻轻压实，然后浇透水分，放在荫蔽、凉爽的地方大约一周时间。幼苗发芽并长出叶片后，应换一次盆，盆中施肥一次，再将花盆移到朝阳的地方。

三色堇对日照的要求并不高，但如果阳光不好或不充足，也会使植株的开花受到影响。当屋内干燥时，可用喷雾器直接向叶面洒水，但在花期喷水一定不要将水雾喷到花朵上。

三色堇能对二氧化硫进行监测，当受其侵袭时，它的叶片会变为灰黄色，叶脉间出现形状不固定的斑点，渐渐失绿、发黄。

三色堇适应性强，家庭盆栽一般适宜摆放在门厅、厨房、餐厅、客厅、书房、卧室等处。

14. 杜鹃

杜鹃又称映山红、满山红、红踯躅、山石榴，属杜鹃花科，为常绿、

半常绿或落叶灌木或小乔木。最初产自我国长江流域,广泛分布在长江流域和以南各个区域。尼泊尔把它定为国花。

杜鹃属浅根性植物,喜欢温暖、潮湿、通风良好的半荫蔽环境,畏干燥,也畏积聚太多的水,有一定的忍受寒冷的能力。花期为4—5月。花色有深红、浅红、玫瑰紫、粉、黄、白等色或复色。

杜鹃喜欢排水通畅、土质松散且有肥力的酸性土壤,在钙质土壤中生长不好或不能生长,也不能在地势比四周低且积聚太多水的黏重土壤中生长,是酸性土壤的指示植物。花盆以透气性良好的泥盆最佳,紫砂盆次之,釉盆及瓷盆最差。

栽种时在花盆底部铺上一些碎瓦片,再放入1/3的粗土粒,并少加一点儿细土。将杜鹃幼苗置入盆中,一手扶正幼苗,一手向盆中填土。土壤填至盆口下2厘米处,然后将土壤轻轻压实,浇透水分。在冬天杜鹃有短期的休眠,要留意保持温暖,防御寒冷,要将其搬入房间里管理,房间里的温度控制在10℃上下就能顺利过冬。

杜鹃可以抵抗二氧化硫、一氧化氮、二氧化氮和臭氧的侵害,还可以将放射性物质吸收掉,尤其适合置于刚刚装修完毕的居室里。另外,杜鹃对氨气的反应非常灵敏,能作为监测氨气的指示植物。此外,杜鹃还能对环境中的氟化氢进行监测,若存在氟化氢,其花朵便会枯萎、皱缩,叶片会发黄。

杜鹃生命力旺盛，可栽于庭院中观赏，也可盆栽摆放在阳台、窗台等处。但要注意黄杜鹃有剧毒，不要在卧室、餐厅、厨房里摆放黄杜鹃，以免引起误食中毒。

> 杜鹃花的观赏价值首先体现在其色彩丰富上，包括红、紫、粉、白、黄等多种色彩，其中以红色系最为常见。杜鹃花的花期较长，一般从春季到秋季都可以开花，甚至在养护得当的情况下，新枝老枝都会开花，老花未谢，新花又开，很容易开出爆盆效果，群开时一树多色花，壮观极了。这种长花期和反复开花的特点，使得杜鹃花提供持续的视觉享受。

15. 芦荟

芦荟又称狼牙掌、龙角、象鼻草、油葱，属百合科，为多年生肉质多浆草本植物。最初产自印度干旱的热带区域和非洲南部、地中海一带，我国云南的沅江地区也有野生芦荟分布。如今世界各地区都有栽植。

芦荟喜欢光照充足、温暖、半干旱的环境，也能忍受半荫蔽、干旱，但不能忍受寒冷。喜欢土质松散、排水通畅的沙质土壤，耐盐碱。

第二章 家养花卉介绍

花期为2—4月。花色有橙黄色、橙红色，有的呈紫色或带有斑点。

家庭进行盆栽前应先选择好土壤，通常使用等量的腐叶土和粗沙混合而成。在花盆的底部铺上瓦片，在瓦片上面铺放2～3厘米厚的炉灰渣、石块、碎砖等作为排水层，并在上面铺一层土。盆栽时宜选用泥盆，避免使用瓷盆或塑料盆，这两种盆的透气性较差，易导致植株烂根。

栽种时把芦荟母株连同其周围新长出来的植株带根掘出。轻轻敲掉芦荟根部的泥块，将新植株从母株地下茎上切离，剪除腐烂多余的根须。把新植株竖直摆入花盆中扶正，向植株四周填充土并轻轻压实。待土填到盆高2/3时，轻提新植株，使其根部伸展。继续填土、压实，直至土达到盆沿下2厘米处。浇透水，以花盆底部略滴水为准。

每年7—8月气温较高时，芦荟会进入短暂的休眠期，这时要把控好水分，保持土壤相对干燥，否则容易导致芦荟根叶腐烂，10月后应把芦荟移到房间内朝阳的地方，并等到盆土完全干燥后再浇水。

一般家养芦荟均采用盆栽的方式。盆栽芦荟适合摆放在阳台、卧室、客厅等光照条件较好的地方，也适合摆放在书房的电脑旁。

重点提示

时下流行吃芦荟，对此，营养学家表示：芦荟虽好，食用也要讲究方法和适度。芦荟营养价值比较高，食用芦荟不但能补充微量元素，还能起到清热去火、排毒养颜的作用。食用芦荟的方法有很多，比如将芦荟做成色拉，或者将芦荟与肉类一起烹饪，还可以将芦荟作为原料入汤。但是芦荟性寒，吃多了会造成上吐下泻，因此食用芦荟时要谨慎。

16. 鸡冠花

鸡冠花又称鸡髻花、老来红、芦花鸡冠、笔鸡冠、大头鸡冠、凤尾鸡冠、鸡公花、鸡角根，属苋科，为一年生草本花卉。原产地为非洲、美洲热带和印度，现世界各地广为栽培。

鸡冠花喜欢温暖、干燥、阳光充足的环境，不耐寒、较耐旱、不耐涝。花期为7—10月。花色有白、淡黄、金黄、淡红、火红、紫红、棕红、橙红等。

鸡冠花对土壤要求不严，但以在疏松肥沃、排水良好的土壤上生长最为适宜。可选择排水、透气性良好的泥瓦盆或陶盆。如要得到特大花头，可再换口径为23厘米的花盆。

鸡冠花栽培适宜在4—5月进行，种子栽培最佳适宜温度为20～25℃。把鸡冠花的种子均匀撒播在盆内，鸡冠花种子细小，覆土2～3毫米即可，不宜过厚。用细眼喷壶喷少许水，再给花盆遮上荫，两周内不要浇水。

鸡冠花喜温暖，忌寒冷。生长期要有充足的光照，每天至少保证有4小时的光照。鸡冠花生长期喜欢高温，最佳适宜生长温度为18～28℃。

鸡冠花可以吃,且营养全面,风味独特。形形色色的鸡冠花美食如鸡冠花蛋汤、红油鸡冠花、鸡冠花蒸肉、鸡冠花豆糕、鸡冠花籽糍粑等,各具特色,又都鲜美可口,令人回味。

鸡冠花可直接栽种在庭院里,也可以盆栽摆放在客厅、书房、阳台等光线充足的地方。

17. 吊兰

吊兰又称垂盆草、挂兰、钩兰、折鹤兰,属百合科,为多年生常绿宿根草本植物。最初产自热带及亚热带区域,主要生长于南非,如今世界各个地区都广泛栽植。

吊兰喜欢温暖、潮湿和半荫蔽的环境,怕强烈的阳光直接照射,通常适合在中等光线环境中生长,也能忍受较弱的光线。具有较强的适应能力,比较能忍受干旱,忍受寒冷的能力不太强。开花时间在春夏之际,冬天在房间里养护时也能开花。花色为白色。

吊兰对土壤没有严格的要求,但适宜在排水通畅、土质松散、有肥力的沙质土壤中生长。种吊兰时宜选用中等大小的泥瓦盆,最好不要用紫砂盆,因为它的透水、透气性较泥瓦盆差,容易烂根,影响开花。

栽种时在花盆底部放入一些瓦片或碎盆片,用于盆底垫孔以利排水通气。将适量的土壤放入盆中,放到花盆的1/3处。放入吊兰的幼

苗，扶正，然后再放入适量土壤，到花盆的2/3处。将土壤轻轻压实，浇透水即可。

需留心的是，不可让盆内积聚太多的水，否则会造成植株根系腐烂，或患根腐病等。为求茎叶茂盛，在每年的3月应给吊兰换土、换盆一次。盆栽时的培养土常用腐叶土或泥炭土、园土及河沙等量混合，并加入较少量的底肥来配制。

吊兰吸收有毒气体的能力非常强，在面积为8～10平方米的房间里，一盆吊兰能够在24小时之内将房间里80%的有害物质消除掉，其效用接近于一个空气净化器。它能吸收86%的甲醛，能很好地吸收二氧化碳，能彻底将火炉电器、塑料制品及涂料等释放出来的一氧化碳与过氧化氮等气体吸收掉，能将香烟里的尼古丁吸收掉，还可以把复印机、打印机等放出的苯分解掉。所以，吊兰被叫作"绿色净化器"。

吊兰放置的高度以不碰头为宜，并要注意通风。吊兰枝叶低垂，占地面积小，是一种常见的家居花草，盆栽吊兰可悬吊在窗台、阳台一角，也可以摆放在门厅、卧室、客厅、书房、厨房、餐厅来净化空气。

第二节 适合养在客厅的花卉

1. 龙舌兰

龙舌兰又称龙舌掌、世纪树、番麻，属龙舌兰科，为多年生常绿草本植物。最初产自南美洲、墨西哥等地，现在我国华南和西南亚热带区域都广泛栽植。

龙舌兰喜欢温暖、干燥且光照充足的环境，略能抵御寒冷，怕积水，也怕强烈的阳光久晒，不能忍受荫蔽，具有非常强的抗干旱能力，也能忍受较高的温度及酷热。花期为6—7月。花色为浅黄色。

栽种龙舌兰适宜选用泥瓦盆或紫砂盆，最好不用透气性不好的塑料盆。龙舌兰喜欢有肥力、土质松散、排水通畅的沙质土壤，能忍受贫瘠，也能在轻碱及微酸性土壤中生长。栽种时取龙舌兰母株周围的分蘖芽，准备入盆。在花盆底部铺排水层，然后放入盆土。将龙舌兰的分蘖芽植入盆土中，轻轻将土壤压实，浇透水。将花盆放置在半阴

重点提示

若能采集到种子也可进行播种繁殖。播种繁殖具有相当高的出苗率，幼苗管理也不算困难。种子的发芽最佳温度夜间为15℃以上，白天30℃左右，若夜间温度低于10℃，白天温度低于20℃，种子的发芽率则大大降低，甚至不能出芽。播后要在盆面盖上透明的玻璃片进行保温保湿，播后7—10天即可出苗。

处，成活后再移至光线充足的地方。用花盆栽植时的培养土，可用等量的沙壤土和腐叶土混合，另外再加上少量的静粉来调配。

龙舌兰净化空气的能力非常强。在24小时提供照明的环境下，一盆龙舌兰在面积为10平方米的室内便能将70％苯、50％甲醛及24％三氯乙烯清除掉。

龙舌兰是一种观叶植物，适合摆放在阳台、客厅、窗台等光线充足处欣赏，也适合摆放在厨房里。

2. 垂叶榕

垂叶榕又称垂枝榕、垂榕、白肉榕、白榕、柳叶榕、细叶榕、小叶榕，属桑科，为常绿乔木。最初产自亚洲热带和亚热带区域，分布在印度、越南和我国的贵州、云南、广东、海南等地区。

垂叶榕喜欢温暖、潮湿的环境，怕较低的温度和干燥。对光照的要求不太严格，比较能忍受荫蔽，怕烈日久晒。花期为11月。花色为白色。

垂叶榕对土壤没有严格的要求，可以适应很多种土壤，在沙土、黏重土壤、酸性土壤和钙质土壤中都能生长。可以选择口径为15～20厘米的塑料盆、

瓷盆作为花盆。如果选择口径为15厘米的花盆，每年春天都要更换一次花盆；如果选择口径为20厘米的花盆，则每两年更换一次花盆就可以。

栽种时可以剪下长10～12厘米的顶端嫩枝作为插穗，留下2～3枚叶片。把下部叶片剪掉，剪口需平整，剪口处经常会分泌出汁液，需用清澈的水冲洗掉。等到晾干后再进行扦插。室内温度适宜保持在24～26℃，并维持比较高的空气相对湿度，插后约一个月即可长出根来，约45天就能栽种上盆。也可以用长约2米、直径约为6厘米的粗壮枝干，将枝叶剪掉，并在顶端裹上泥，不经过培育，而是直接插干种植。盆栽时的培养土主要是一般的园土，再掺入1/5的腐叶土和较少的河沙混合配制而成，并加入较少的农家肥作为底肥。普通青叶品种的垂叶榕抵御寒冷的能力略强一些，过冬温度是3～5℃。斑叶品种的垂叶榕抵御寒冷的能力则比较弱，过冬温度需在7～8℃，温度过低容易导致叶片脱落。

垂叶榕能增加室内的空气湿度，对人们的皮肤及呼吸系统皆很有好处。它还可将甲醛、氨气和二甲苯吸收掉，并可使污浊的空气变得洁净，可以说是非常好的"空气净化器"。

垂叶榕的气根状如丝帘，十分奇特。中小型盆栽垂叶榕适合摆放在客厅、书房或门厅。

3. 绿巨人

绿巨人又称绿巨人白掌、巨叶大白掌、大叶白掌、大银苞芋，属天南星科，为多年生阴生常绿草本植物。最初产自南美洲哥伦比亚区域。

绿巨人喜欢温暖、潮湿及半荫蔽的环境，不能抵御寒冷，不能忍受干旱，畏阳光直接照射。根系生长旺盛，有很强的萌生新芽的能力，长得比较迅速。花期为5—9月。花刚开放时是白色的，后来变成绿色。

绿巨人适宜种植在土质松散、有肥力、有机质丰富、保持水分和肥料能力较强的中性至微酸性土壤。在选择花盆时多选用泥盆或者缸瓦盆，由于绿巨人的根系较发达，因此在选择花盆时要注意选择筒较深的花盆，花盆口径为18～34厘米。

栽种时，当植株的分蘖芽生长出4～6枚小叶片，新芽长至15～20厘米时，把母株由花盆里脱出。用锋利的刀把小苗和母株切分开，插于珍珠岩或粗沙中，让其长根。长根后采用新盆种植。种植后要浇够定根水，并将盆花摆放在半荫蔽的地方管理。平日要时常转动花盆，以令植株接受匀称的光照，使其生长得健康苗壮，维持均匀、好看的形态。通常每隔1～2年就需要更换一次花盆，以在早春进行为佳。

绿巨人消除甲醛及氨的能力比较强。有关测量结果显示，每平方米的植物叶面积24小时内便可将1.09毫克甲醛及3.53毫克氨消除掉，能够很好地净化房间里的空气。

绿巨人叶片宽大，是典型的观花、观叶类植物，可直接栽种在庭院里观赏，绿巨人盆栽可用来装饰客厅、阳台、书房。

第二章 家养花卉介绍

> **重点提示**
>
> 栽种施肥时不可施用太浓的肥料,也不可施用得过于频繁,否则会导致叶片枯黄或根系陶。用花盆栽植时,可以用腐叶土、泥炭土、堆肥土等混合调配成培养土。分切时注意带部分茎部,用木炭灰沾伤口,以防腐烂。在植株没有存活前不可施用肥料,等到恢复生长后再行正常管理。

4. 君子兰

君子兰又称大花君子兰、大叶石蒜、剑叶石蕊、达木兰,属石蒜科,为多年生常绿宿根草本植物。最初产自非洲南部,如今世界各地都有栽植。

君子兰喜欢温暖、潮湿、半荫蔽的环境,怕强烈的阳光直接照射。喜欢凉快的气候,畏酷热、干燥和较高的温度,不能忍受积水和寒冷。主要在冬天及春天开花,有的品种也在夏天 6—7 月开放。花色有橙红、橘黄、黄等色。

君子兰喜欢在有肥力、土质松散、腐殖质丰富、透气性好且排水通畅的微酸性土壤中生长。栽种君子兰适宜选用透气性良好的泥瓦盆或陶盆。

栽种时在花盆底部铺上几块碎盆片，凹面向下，便于通气排水。再填入一层2～3厘米厚的用碎盆片、碎石、粗沙等组成的排水物。将君子兰的幼苗根系理顺，然后将幼苗放在花盆的中央，一手将它扶正，一手将土壤填入花盆中。每填一层土，就要将苗轻轻向上提一下，并碰磕一下花盆，以便使根系舒展。入盆后立即浇透水分，同时在5～7天内可不用再浇水，以后保持盆土湿润即可。将盆置于阴凉通风处，7～10天后方可移置阳光充足处养护。如果幼苗是在春秋季上盆，则要罩上塑料薄膜袋保温保湿，便于其生根成活。在浇水的时候需留意，不可使水流进叶心里，否则会引起烂心病。

君子兰能够比较强地抵抗空气里的污染物质，对净化空气很有成效。它宽厚结实的叶片能够强力吸收一氧化碳、二氧化碳、硫化氢及氮氧化物，还可以将硫化氢烟雾吸收掉，使房间内不清洁的空气变得洁净。在晚上，君子兰可以吸收二氧化碳，不论白天黑夜都能给房间内增加很多清新的氧气。

君子兰喜欢半荫蔽的环境，可盆栽摆放在客厅、书房、阳台。因君子兰夜间会消耗氧气、放出二氧化碳，对睡眠不利，所以神经衰弱和睡眠质量不好的人不宜在卧室摆放君子兰。

5. 万年青

万年青又称冬不凋、百沙草、九节莲，属百合科，为多年生宿根常绿草本植物。最初产自我国及日本。在我国分布得比较广泛，华东、华中和西南区域都有栽植。

万年青喜欢温暖、潮湿、通风顺畅的半荫蔽环境，略能抵御寒冷，

第二章 家养花卉介绍

不能忍受干旱，也畏水涝，怕强烈的阳光直接照射。花期为6—8月。花色为白绿相间。

栽种万年青一般土壤即可，但若能采用有肥力、土质松散、透气良好、排水通畅的微酸性沙质土壤效果会更好。选择透气性能及渗水性能好的泥盆，花盆口径为24～34厘米。

栽种时在装好培养土的花盆里播种。播后及时浇水，然后将花盆放在遮蔽阳光的地方管理。令盆土维持潮湿状态，使温度控制在25～30℃，约经过25天便可萌芽。高湿季节每天都应浇水2次，且叶面最好喷2～3次。在植株的开花期内，可以每隔约15天施用0.2%磷酸二氢钾水溶液一次，以促进其分化花芽及更好地结果实。

万年青可以很好地将三氯乙烯吸收掉，能够消除其造成的污染，使室内空气得到净化，很适宜摆放在室内观赏。然而需特别注意的是，万年青具一定程度的刺激性及毒性，其茎叶含有哑棒酶与草酸钙，若人们触碰后皮肤就会奇痒，若不慎误尝则会导致中毒。

万年青是一种典型的观叶类植物，可直接栽种在庭院中观赏，也可以盆栽摆放在阳台、窗台、书桌或案几上。

6. 风信子

风信子又称洋水仙、西洋水仙、五色水仙、时样锦，属风信子科，为多年生草本植物。最初产自南欧地中海沿岸及小亚细亚一带。

　　风信子喜冬季温暖湿润、夏季凉爽稍干燥，喜阳，也适宜在半阴的环境中生长。花期为3月开花。花色有紫色、白色、红色、黄色、粉色、蓝色。

　　风信子喜欢土壤肥沃、有机质含量高的碱性土壤。盆栽时宜选用泥盆，避免使用瓷盆或塑料盆，也可用玻璃瓶进行水栽。

　　栽种时将种头种入盆内，然后盖上培养土，栽植深度一般为5～7厘米。栽种后要浇透水分，保持土壤湿润，同时要注意增施磷、钾肥。经过4个月左右即可开花，此后正常管理即可。风信子不喜肥，盆栽风信子只需于开花前后各施1～2次稀薄液肥即可。

　　风信子能够吸收空气中的二氧化碳，释放氧气，还能消除异味，抑制细菌生长，从而起到清新空气的作用。风信子的花香还可使人神清气爽，缓解精神疲劳。另外，风信子能够从污水中吸收金、银、汞、铅、镉等重金属，可用来净化水中的有害金属。

　　风信子适宜摆放在阳台、客厅、庭院等既通风，光照又好的地方。

7. 曼陀罗

曼陀罗又称醉心花、闹羊花，属茄科，为一年生草本植物。原产地为印度，在低纬度地区可以生长为亚灌木。

曼陀罗喜欢温暖、潮湿和光照充足的环境，不能抵御寒冷，不能忍受水涝花期为6—10月。最初为白色，之后渐渐变成黄色，偶尔为紫色或浅黄色。

曼陀罗具有比较强的适应能力，对土壤没有严格的要求，普通土壤皆可栽植，然而在有肥力、腐殖质丰富、土质松散、排水通畅的沙质土壤中长得最好。各种材质的花盆皆可，大小以中型为佳。

曼陀罗采用播种法进行繁殖，于春天3月下旬到4月中旬进行直接播种。播完后盖上厚约1厘米的土，略压紧实，并留意使土壤维持潮湿状态，比较容易萌芽。当小苗生长至8～10厘米高的时候采取间苗措施，把纤弱的小苗除去，令每盆仅留下2株。当植株约生长至15厘米高的时候进行分盆定苗。

在植株的生长季节，要使其接受足够的阳光照射，以令其生长得健康壮实，如果阳光不充足则会导致生长不好，不利于欣赏。

曼陀罗喜欢温暖的环境，不能忍受极度的寒冷，萌芽的适宜温度在15℃上下，霜后其地上部分会干枯萎缩。在植株的生长季节，要尽早把干枯焦黄的枝条和叶片剪掉，以降低营养的损耗量，维持优美的植株形态。在植株生长的鼎盛期，要适度施用2～3次过磷酸钙或钾肥。

曼陀罗作为观花植物可盆栽摆放在窗台、阳台、案几、花架上。

重点提示

曼陀罗花朵硕大,非常艳丽,具有很高的观赏价值。曼陀罗花很美,可以慢慢观赏,细细品鉴,但是有一点需要特别注意,此花的花、叶、果均有剧毒,千万不要误食。曼陀罗虽然有毒,可它又是能够治病的良药,不仅可用于麻醉,而且还可用于治疗疾病,其叶、花、籽均可入药,味辛性温,有大毒。花能去风湿,止喘定痛,可治惊痫、寒哮、寒湿脚气。花瓣的镇痛作用尤佳,可治神经痛等。叶和籽可用于镇咳镇痛。了解了它的特性,只要不误食就可以。

8. 滴水观音

滴水观音又称海芋、广东狼毒、老虎芋、滴水莲,属天南星科,为多年生常绿草本植物。最初产自我国南部及西南部地区。

滴水观音喜欢温暖、潮湿和半荫蔽的环境,不能抵御寒冷,略能忍受干旱,开花期间需接受足够的阳光照射,夏天不能忍受强烈的阳光久晒。在温暖、湿润及土壤中的水分足够的环境条件下,会由叶片的尖部或边缘朝下滴水。如果空气湿度比较小,则水分会立刻被蒸发完,因此通常水滴皆是在清晨的时候比较多,被叫作"吐水"现象。花期为4—7月。花色有粉绿、绿黄色。

滴水观音对土壤没有严格的要求,然而在有肥力、腐殖质丰富、土质松散且排水通畅的沙质土壤中长得最好。可选用泥盆、塑料盆、瓷盆、陶土盆,口径为20厘米左右。

第二章 家养花卉介绍

栽种时在春天、夏天或秋天截下长约15厘米的茎干作为插穗，扦插到由6份沙土和4份园土混合成的基质上。插完后需留意令基质维持潮湿状态并提高空气湿度，经过7～10天便可长出根来。之后分苗上盆，在上盆的时候，要在花盆底部铺放一层粗沙等作为排水层，以便于排水通畅。可以用有肥力的园土作为培养土，也可以用泥炭土、腐叶土、河沙再加上少许沤透的榨过油的芝麻饼来混合调配。

在6—9月阳光比较强烈的时候，要防止强烈的阳光久晒，不然会令植株被烧伤。栽种存活后，要每月翻松一次盆土，以令盆土维持良好的通透性，促进植株健壮生长。通常每年春天更换一次花盆。

滴水观音的根状茎有杀虫、解毒、祛风的作用。但接触、误食或入药时服用的剂量太大皆会导致中毒，所以在对其进行采摘、加土、更换花盆或分株的时候要戴上手套进行操作，防止接触根叶里的汁液，与此同时还要防止误食，家里有儿童的需格外留意防备，以不栽植为宜。

滴水观音形态优美，是典型的观叶类植物，可以盆栽摆放在客厅、书房，也可以直接栽种在庭院里观赏。但是有小孩的家庭慎选，因为滴水观音开花后结出的红果颜色鲜艳，容易引起儿童误食中毒。

9. 金盏菊

金盏菊又称金盏花、黄金盏、长生菊、醒酒花、常春花、金盏等，属菊科，二年生草本植物。原产欧洲南部及地中海沿岸，现世界各地均有栽培。

金盏菊喜阳，耐寒不耐热，能忍受零下9℃的低温，总体来说适应性较强，但不耐潮湿。能自播、生长快。对土壤要求不高，能耐贫瘠干旱土壤，但在疏松、肥沃、微酸的土壤里生长较好。耐阴凉环境，但在阳光充足的地方生长较好。花期为4—6月。花色有黄、橙、橙红、白等色，多为金黄色。

金盏菊栽种以肥沃、疏松、透气性、排水性俱佳的沙质土壤为宜。土壤pH在6～7最好。这种土壤种出的植株分枝多、开花大。家庭栽种金盏菊可选用10～12厘米的小盆即可，以多孔盆为宜。

栽种金盏菊多用播种法繁殖，早春或秋天均可播种。秋播一般在9月中旬进行，温度在20℃左右为宜。春播一般在2—3月进行，需要在温暖的室内播种。春播金盏菊的生长发育不如秋播好。将种子放在35～40℃的温水中浸泡3～4小时，捞出后用清水冲洗一遍，控干后即可播种。准备一些培植土放入任意盆中，浇透水，待水下渗后将种子埋入土中，一般来说在20～22℃的情况下，种子7～10天后即可

第二章 家养花卉介绍

发芽。待幼苗长出2~3片叶子时需移植一次。由于幼苗娇嫩，浇水时最好以手护住幼苗，以免幼苗被冲断、冲倒。

一般来说，秋播金盏菊在第二年的5月开花，而春播的金盏菊通常在当年的6月开花。日常吃鸡蛋时，可将鸡蛋壳置于金盏菊的花盆中，这样能给花补充一些肥料。

金盏菊具有较强的抗菌功效，可净化空气，对二氧化硫、氰化物、硫化氢等有害气体都具有一定的抗性。金盏花茶具有杀菌和收敛伤口的功效，能够有效改善皮肤毛孔粗大的问题，还能够调理敏感性肤质。对外伤患者而言，适量饮用一些金盏花茶能够防止疤痕的产生，并且能够修复已有疤痕。常年皮肤干燥的人，也可适量饮用金盏花茶，因为它能够促进皮肤的新陈代谢，对干燥肌肤具有滋润作用。

金盏菊占地面积较小，花朵多为金黄色，可放置在客厅、居室的窗台上或阳台一角，这样不但能使居室感觉更加明亮、舒适，而且还利于金盏菊透气。

10. 橡皮树

橡皮树又称印度橡皮树、印度胶榕、印度橡胶树、缅树，属桑科，为常绿木本观叶植物。最初产自印度、缅甸、斯里兰卡和马来西亚等地。

橡皮树喜欢温暖、潮湿、光照充足的环境，不能抵御寒冷，畏炎热，能忍受干旱和半荫蔽。花期为夏天。花色为白色。

橡皮树喜欢在土质松散、有肥力且排水通畅的腐殖土或沙质土壤中生长，能忍受贫瘠，也能在微碱及微酸性土壤中生长。可选用泥盆、塑料盆、瓷盆、陶土盆，要求盆径在20~30厘米。

当温度高于15℃的时候，选取植株上部及中部1~2年生的健康壮实的枝条作为栽种插穗。每一段插穗要含3~4个芽,把插穗下部的叶片去掉,把上部的2枚叶片合到一起并用塑料绳轻轻绑缚好。把插穗插在河沙与泥炭的混合基质上,插入的深度约为土深的1/2就可以,浇足水并放在荫蔽的地方,令土壤维持潮湿状态,温度控制在18~25℃,插后15~20天便可长出根来。移植时要带着土坨,以便于存活。

用花盆种植的时候,培养土可以用1份园土、1份腐叶土、1份河沙和较少的底肥来混合调配。为了利于植株吸收,以在晴朗晚上、盆土偏干燥的时候施用肥料最为适宜。

在生长季节应经常翻松盆土,以防止盆土表层变硬,影响植株的生长。幼年植株可以每年更换一次花盆,成龄植株则可以每2~3年更换一次花盆。5~7年生的成龄植株,可以移栽至大木桶里,以后通常不用再更换盆。每次修剪后,要马上用胶泥或木炭灰把伤口封好,防止由于汁液流失太多而对植株的生长造成不利影响。

橡皮树净化空气的能力比较强,可以吸收掉房间里的大多数有害气体,比如一氧化碳、二氧化碳及氟化氢等,对消除甲醛也很有效果。另外,它还能较好地吸滞粉尘。

橡皮树叶片肥厚,5年以下的植株可选用大盆栽种,摆放在客厅、书房、阳台、天台等光线充足的地方。

第二章 家养花卉介绍

11. 散尾葵

散尾葵又称黄椰子，属棕榈科，为常绿灌木或小乔木。最初产自非洲马达加斯加，如今世界各个热带区域大多有栽植。

散尾葵喜欢温暖、潮湿、通风顺畅及半荫蔽的环境，不能抵御寒冷，畏强烈的阳光久晒。幼苗期长得比较慢，成龄后长得很快。花期为3—5月。花色为金黄色。

散尾葵喜欢在排水通畅、腐殖质丰富的沙质土壤中生长。选用盆体较深的泥盆或者瓦盆。

栽种时分株繁殖一般于春天4月结合更换花盆进行，选取基部有比较多的分蘖的植株，先剔除一些宿土。用锋利的刀从基部相连的部位把其切分为若干丛，需留意不可伤及根系，不然分株后会长得较慢。分栽上盆后要放在房间里管理，温度最好控制在20～25℃，并需时常朝植株喷洒清水，令盆土维持潮湿状态，以促使植株尽快恢复生长势头。幼株需每年或每隔2～3年更换一次花盆，老株则每隔3～4年更换一次花盆即可，通常于初春或初夏进行。

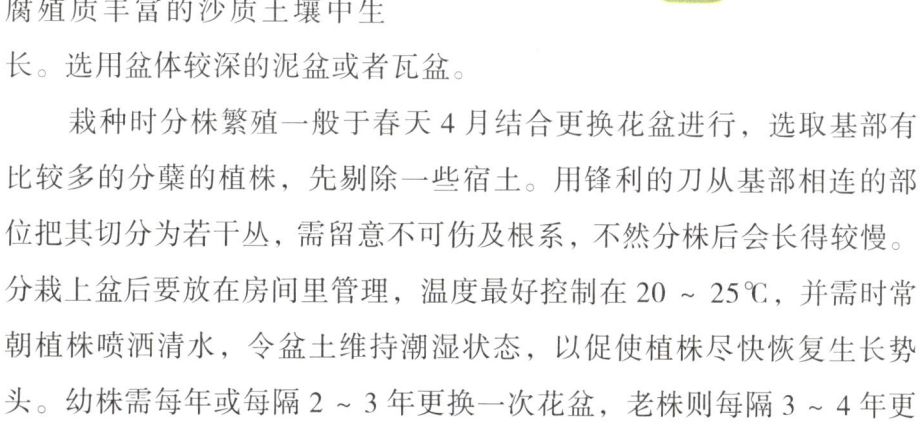

用盆栽植的时候，培养土可以用3份泥炭土、3份腐叶土、1份河

沙及较少的底肥来混合调配。不可用细沙或别的透气性比较不好的土壤。为了方便栽植及有利于观赏，每一丛以 2~3 株为宜。为了利于新植株的根系朝土壤里生长，种植时要埋得略深一些。在种植时要在盆土底层适量施入一些牲畜的蹄角片或碎骨块作为底肥并在种植 10 天后施用一次浓度较低的有机肥液。注意花盆中千万不可积聚太多的水，不然会导致植株的根系腐烂。

散尾葵净化空气的能力非常强，可以很好地消除甲醛、氨、甲苯及二甲苯等有毒气体。根据有关测定，每平方米散尾葵的叶面积 24 小时便可消除 0.38 毫克甲醛和 1.57 毫克氨。它抵抗二氧化硫、氟化氢、氯气等有害气体的能力也比较强。此外，散尾葵每天便可蒸发掉 1 升水，能显著提高房间里的空气湿度，所以被人们称为最佳的室内天然"增湿器"。

散尾葵可以盆栽摆放在阳台、客厅、书房、卧室、阳台，在南方也可以栽种在庭院观赏，但秋冬季节需移至室内。

12. 郁金香

郁金香又称郁香、金香、草麝香、洋荷花，属百合科，为多年生草本植物。最初产自伊朗及土耳其的高山地带，以及地中海沿岸和我国新疆等地区。荷兰把它定为国花。

郁金香喜欢冬天不冷不热且潮湿、夏天凉快且干燥的气候，抵御寒冷的能力非常强，不能忍受炎热。喜欢光照充足的环境，也能忍受半荫蔽。鳞茎的寿命只有一年，在当年开完花且分生出新球和子球之后就会渐渐干枯死去。花期为 3—5 月。花色有白、红、粉红、洋红、紫、褐、黄、橙和粉等颜色，单色、复色均有，有的时候花瓣上带有黄色

第二章 家养花卉介绍

的条纹或斑点，基部经常是黑紫色的。

郁金香喜欢在土层较厚、腐殖质丰富的沙质土中生长。可选用泥盆、塑料盆、瓷盆、陶盆，花盆口径为30厘米，一个盆可栽种3～5个鳞茎。

栽种时将栽培一年的母球鳞茎基部的小球掘出来，剔除泥土并晾干。将子球放在温度为5～10℃的干燥且通风顺畅的地方储藏。等到秋天9—10月的时候再种植，种植后盖上厚5～7厘米的土，浇足水并令土壤维持潮湿状态，翌年春天开始进行正常的肥水管理，栽培2～3年便能开花。

郁金香适合地栽和盆栽，盆栽可摆放在客厅、阳台，也可以制作成盆景或瓶插装点居室。

重点提示

郁金香是一种具有极高观赏价值的球根花卉，以其大型而艳丽的花朵和丰富的花色著称。它的花色繁多，包括红色、黄色、白色、紫色等多种颜色，花型奇特，有杯形、碗形、高脚杯形、蝶形、星形等，以及单瓣、重瓣、半重瓣等变化，使得郁金香在视觉上极具吸引力。郁金香的文化内涵丰富，不仅美丽，还象征着博爱、胜利和美好，使其不仅提供视觉上的享受，还带来精神上的慰藉。

13. 紫荆花

紫荆花又称紫荆、紫珠、满条红，属豆科，为落叶灌木或小乔木。最初产自我国，印度、越南亦有分布。

紫荆花喜欢温暖、潮湿的气候，能忍受炎热，也略能抵御寒冷，能忍受干旱，怕积水。喜欢光照充足的环境，略能忍受荫蔽。生命力强，易于存活，长得比较迅速，经得住修剪。花期为4—5月。花色有紫红、红、粉红色。

紫荆花喜欢在土质松散、有肥力、排水通畅的酸性土壤中生长，能忍受贫瘠，在轻度盐碱土壤中也可以生长。一般选用较深的釉陶盆或紫砂陶盆，以正方形、圆形和椭圆形较为常见，有时也用浅长方形盆。盆的色彩以浅黄或青色为佳，以映衬满枝紫红色的花朵。

栽种时在春末或夏初，剪下长约10厘米的1～2年生健康壮实的枝条作为插穗，下口需斜着剪，上口需剪得平正整齐，并把枝条上的小花除掉。将插穗插入培养土，浇足水，将温度控制在25℃左右，放在半荫蔽的地方，很快就会长出根来。移植时要适度带上土坨，以便于存活。种植前要在土壤里施进适量的底肥，种好后要及时浇水。盆栽宜用肥沃疏松、透水性好的腐叶土。紫荆花的根系

比较柔韧，而且生长得不太旺盛，有比较多的长根，在掘苗的时候要留意将根系保护好，尽量不要造成损伤。紫荆花的花朵生长在超过2年生的老枝上面，所以不能对老枝进行疏剪，应尽可能地留下2年生的枝条。

紫荆花具有较高的观赏价值，其花朵娇艳，绽放时如彩霞般绚丽，为周围环境增添了一抹明艳的色彩。紫荆花的花期较长，长时间地为人们带来视觉上的享受。其树形优美，姿态婀娜，与花朵相互映衬，构成一幅美丽的画面。此外，紫荆花在不同季节呈现出各异的风貌，使人们能够感受到大自然的节奏与变化

紫荆花具有比较顽强的生命力，既可地栽也可盆栽。盆栽紫荆花一般摆放在客厅、书房和门厅等处。

14. 马蹄莲

马蹄莲又称观音莲、水芋马、慈姑花，属天南星科，为多年生宿根草本植物。产自非洲南部的河流或沼泽地里。

马蹄莲喜欢温暖和光照充足的环境，不能抵御寒冷，也不能忍受较高的温度，略能忍受荫蔽，常在温室内用花盆种植。喜欢潮湿，不能忍受干旱，然而也不能忍受长时间的水涝。在冬天不寒冷、夏天不酷热的

区域，能一年四季开花。花期为11月至翌年6月。花色有白、黄、粉、红和紫等颜色。

马蹄莲喜欢在土质松散、有肥力、腐殖质丰富、排水通畅的沙质土壤及黏重土壤中生长。可选用泥盆、塑料盆、瓷盆、陶盆，花盆口径23～33厘米，盆体应较深。盆土经常用2份园土、1份砻糠灰再加上适量的骨粉或有机肥混合调配，也可以用2份细碎的塘泥、1份腐叶土再加上适量的过磷酸钙及腐熟的牛粪混合调配。

种植时间最好是在8月下旬到9月上旬，种植前用蒸汽法对土壤消毒，并使用杀菌剂对土壤进行处理。每一盆可以栽种2～3个大球，1～2个小球，需留意不可种植得过浅，移植的时候尽可能地不伤害植株及块茎。种好后浇足水并放在半荫蔽的地方管理，等到发芽后再搬到阳光下。

马蹄莲是我们家中常见的一种水生植物，它叶片较厚，花瓣呈圆形，只有一片卷曲的瓣儿围绕着花芯，马蹄莲就是因花型长得非常像马蹄而得名。马蹄莲不仅花型美观，色彩也同样十分出众，洁白的花儿加上嫩绿的花托，花瓣中心竖着一支嫩黄的花蕊，绿色、白色、黄色互相映衬，纯洁无瑕，十分动人。

马蹄莲的颜色繁多艳丽，造型独特，为居家花卉的首选，十分适宜用花盆种植，也可以作为瓶插置于餐桌上供欣赏。盆栽马蹄莲可摆放在阳台、客厅和卧室。马蹄莲还可以作为切花装饰餐桌、茶几、窗台等处。

15. 水仙花

水仙花又称凌波仙子、玉玲珑、中国水仙、金盏银台，属石蒜科，为多年生草本植物。最初产自我国。柬埔寨把它定为国花。

水仙花喜欢温暖、潮湿和光照充足的环境，不能抵御寒冷，怕长时间的水涝。水仙花与别的多年生草本植物有些不一样，有秋天开始生长、冬天花朵开放、春天储藏营养成分、夏天休眠的特殊之处。花期为1—3月。花色有乳白、鹅黄、鲜黄色。

水仙花喜欢在土层较厚、土质松散、保持水分能力强、排水通畅的土壤中或冲积土中生长。各种盆都适合，不漏水即可。花盆的大小根据种植的球茎数来定，比如16厘米口径的一般可放2～3个球茎。

栽种时用水栽法种植最适宜，可用雨水或池塘水，若用自来水，则要储存一天再用。把老茎片与老根剥除干净，之后放到花盆里，加水到水仙头下鳞茎约1厘米处。盆里要用鹅卵石、石英砂等把鳞茎固定好。放在背阴、凉爽的地方管理，当鳞茎盘生出新的根系后再移至有阳光的地方，直到植株开花。

由于水仙花的叶片是向两侧扩展的，因此在栽种的时候要注意查

看叶片的生长方向，按照以后叶片一致朝行间扩展的要求栽种，以令其有足够的生长空间。

水仙花以其独特的美丽和优雅，自古以来就被誉为"凌波仙子"，其洁白的花朵婀娜多姿，修长的绿叶卷舒自如，为人们的居室和案头增添了许多风情。在冬季，当窗外寒风凛冽时，一盆水仙在清水中供养，其洁白的花朵和清新的香气，为室内环境带来了生机和温馨。

水仙花被赋予了纯洁、高尚的象征意义，被视为岁朝清供的年花，常用来庆贺新年，象征着祥瑞和温馨。它与兰花、菊花、菖蒲并列为花中"四雅"，又与梅花、茶花、迎春花并列为雪中"四友"，展现了其在传统文化中的重要地位。

水仙花抵抗空气里的污染物的能力非常强。它可以把一氧化碳、二氧化碳、二氧化硫等吸收掉，还可以把氮氧化物转化成植物细胞蛋白质，并被其自身所用。此外，水仙花清淡的花香可以调节情绪，使人精神愉悦，并可以减少房间里的异味。在种植期间，要尽可能地防止过多接触，在接触水仙花后需马上清洗双手。家里有儿童的更要多加留意，防止其不小心误食。

水仙花清香怡人，一般水养栽培，可以摆放在客厅、餐厅或书房的桌案上。

16. 龟背竹

龟背竹又称蓬莱蕉、龟背蕉、龟背、电线草等，属天南星科龟背竹属，攀援灌木。原产于墨西哥，世界上热带地区多引种栽培供观赏。

龟背竹喜温暖湿润，较遮阴的生态环境，忌强光暴晒与干燥，不耐寒，在我国多行温室栽培。春、夏、秋三季生长过程中保持盆中有

第二章 家养花卉介绍

充足水分，冬季微潮，减少浇水。耐空气干燥，冬季室内加温后最好经常清洗成熟叶片。有一定的耐旱性，但不耐涝。花期为8—9月。花色为淡黄色。

龟背竹喜欢肥沃的塘泥。不挑盆，但是每年需换一次盆。换盆时间宜在3—4月进行。

栽种龟背竹时扦插生根，在夏秋进行，将人型的龟背竹的侧枝整段劈下，带部分气生根，直接栽植于木桶或钵内，不仅成活率高，而且成型效果快。

龟背竹不仅适用于室内装饰，如大厅、会议室摆放，也非常适合家庭居室摆放，能够为室内环境增添一抹自然的气息和美感。

重点提示

龟背竹的叶片大而厚，呈革质，叶面上带有黄色和白色的斑纹，形状极像龟背，给人一种古老而神秘的感觉。其株形优美，叶形奇特，终年碧绿，青翠欲滴，深绿色气根常伸延很长可以盘绕，是观叶花卉中的佼佼者。龟背竹有晚间吸收二氧化碳的功效，对改善室内空气质量，提高含氧量有很大帮助，是理想的室内大型盆栽观叶植物。

第三节 适合养在书房的花卉

1. 仙人球

仙人球又称花球、草球、长盛球，属仙人掌科，为多年生肉质多浆草本植物。最初产自阿根廷和巴西南部地区。

仙人球喜欢充足的光照，比较能忍受干旱，然而夏天怕长时间的阳光直射，也怕荫蔽，喜欢温暖，不耐寒冷。花期为夏季。花色有银白、金黄、粉红色等。

仙人球适宜在排水通畅、肥力适中的沙壤土中生长，但在较差的土壤里也能生长。仙人球对花盆没有特别的要求，但适宜在透气性良好的泥盆中栽植，球的大小以能容纳球体而略有空隙为好，不宜太大。

栽种时在花盆底部铺放一些碎小的砖石或瓦片，然后置入土壤。在母株上选好一个子球，进行切割。将子球晾2～3天，然后插入盆土中，并对其略微喷水即可，不用浇水。大约一周后，子球就可成活。仙人球能忍受干旱，怕水涝，浇水要把握"见干见湿"的原则，每次

第二章 家养花卉介绍

浇完水后,待盆土表面干燥后再浇水。在更换盆土的时候,要在花盆底部加入一点底肥,比如麻酱渣、豆饼或马蹄饼。应当留意的是,不管喷施什么种类的药液,皆要在室外进行。

仙人球对二氧化硫和氯化氢具有比较强的抵抗能力,能强力吸收一氧化碳、二氧化碳及氮氧化物,同时可在吸收分解上述气体后制造并释放出大量清新的氧气,增加室内空气中的负离子浓度,有利于人体健康。另外,它还可减少电磁辐射对人体的伤害,其产生的气味还具有抑制细菌、杀死细菌的功能。

仙人球株型奇特,开花时优美素雅,适合摆放在窗台、案几、书架、阳台上欣赏,由于它可减少电磁辐射对人体的伤害,也可以摆放在电视和电脑旁。有小孩的家庭注意不要让孩子靠近仙人球,以免被刺伤。

2. 含羞草

含羞草又称感应草、知羞草、怕痒花、见笑草,属豆科,为多年生披散、亚灌木状草本植物。最初产自南美洲热带及亚热带地区。

含羞草喜欢温暖、潮湿和光照充足的环境,不能抵御寒冷,稍能忍受半荫蔽。具有很强的适应能力,生长得强壮健康,长得很快。花期为3—10月。花色有浅

红、粉红、桃红色。

含羞草对土壤没有严格的要求，但在土层较厚、土质松散、有肥力且排水通畅的土壤中生长得最好。可使用泥盆、塑料盆、瓷盆、陶土盆，定植花盆为15～20厘米口径的中型花盆。培养土可以用5份细黄沙、3份园土和2份腐叶土过筛之后混合调配，并加入适量的底肥。

播种前宜先用温度为35℃的水将种子浸泡24小时，之后再进行播种，以便于萌芽。如果在小号花盆内直接播种，每一盆可以播入1～2颗种子，播完后盖上厚1.5～2厘米的土。播种后要令盆土维持潮湿状态，温度控制在15～20℃，经过7～10天便可萌芽长出幼苗。小苗生长至3厘米高的时候，带上土坨移植到中型花盆中。新种植上盆的小苗在浇足水后，需先放在半荫蔽的地方管理，等其恢复生长势头后再搬至光照充足的地方管理。

含羞草适合盆栽摆放在案头、窗台、桌几上观赏。

重点提示

含羞草是一种独特的植物，它的叶子会在触碰时迅速闭合，仿佛在羞涩地低下了头。它的外形像是绒球一样，非常可爱圆润，盛夏之后开出美丽的花朵，花朵颜色娇嫩而又清纯，为纯白色和淡粉色，就像美丽的少女一样让人疼爱和怜惜。因此，含羞草不仅因其独特的外观形态而受到人们的喜爱，还因其能够为人们带来视觉上的享受和心灵上的慰藉，成为人们喜爱的观赏植物之一。

3. 迷迭香

迷迭香又称海洋之露、艾菊，属唇形科，为多年生常绿小灌木。

最初产自地中海的干燥灌木丛、岩石区和空旷地带。如今在法国、西班牙、土耳其、塞尔维亚都有栽种。

迷迭香喜阳光充足、温暖干燥的环境，耐寒冷，耐贫瘠，耐干旱，怕积水。花期为11月。花色为蓝紫色。

迷迭香对土壤的选择性不高，在中性或微碱性土壤中均能生长，但以富含沙质、排水良好的土壤为佳。栽种迷迭香适合选择多孔的素烧盆、瓷盆或紫砂盆，不能用排水、透气性能不好的塑料盆。因为迷迭香的根不耐热，所以盆最好又大又深。

栽种时在盆底放几块碎瓦片，以利于排水。在培养土中掺杂一些米粒大小的石头或珍珠石，这样可以加强土壤的排水性，防止土壤干结。在盆中填充一些培养土，并把迷迭香放入盆中，扶正，让根系自由伸展，覆土，压实。浇透水。盆中的营养土可用沙和土混合而成的土壤，并在其中掺入一些骨粉等石灰质材料。迷迭香需每年春季换盆一次。换盆时要特别小心，因为迷迭香的根系很细，很容易被伤到。

迷迭香能够散发出一种独特的香气，同时还能持续挥发精油，能起到杀菌、抗病毒的作用。若在室内放上一盆迷迭香，不仅香气四溢，还能够大大减少空气中的细菌和微生物。

盆栽的迷迭香适合放在客厅、书房、卧室、阳台及窗台等地方，也可以在庭院中进行栽培。

4. 茶花

茶花又称山茶花、洋茶、曼陀罗树、山椿，属山茶科山茶属，为常绿灌木或小乔木。原产自我国，主要生长于浙江、江西、四川和山东等区域，日本和朝鲜半岛亦有分布。

茶花喜欢温暖、潮湿的气候，喜欢半荫蔽的环境，也能忍受荫蔽，怕强烈的阳光照射，稍能忍受寒冷。能忍受酷热，可是当温度高于36℃时生长会受到抑制。花期10月到次年4月。花色有深红、红、粉红、玫瑰红、深紫、浅紫、粉白、黄色或红白相杂的复色。

茶花喜欢有肥力、土质松散、排水通畅的微酸性土壤，一般可以用腐殖土、腐锯木、泥炭、红土来栽植，不可使用黏重的、碱性的或石灰质的土壤。茶花嗜肥，但忌施生肥和浓度较高的肥料，仅可常施浓度较低的肥料，底肥主要施磷肥和钾肥。种植茶花宜选择透气性与排水性都好的口径为15～20厘米的泥盆或瓦盆。

茶花可以采用播种法、扦插法、压条法及嫁接法进行繁殖。繁育出茶花的幼苗后将根系浸在放有多菌灵等类的杀菌剂的水中，再将根在水里轻轻摆动几下。将幼苗置入盆中，移入土壤，轻轻压实。浇透水分，待其相当于之后才能浇第二次，以后转入正常养护。

在生长季节可以让土壤略潮湿点，以手轻轻捏土觉得土壤湿润且不黏手为准。春天和秋天可以每隔1—2天在上午或黄昏浇一次水。夏天每天清晨浇一次水，温度较高的时间段宜朝叶面喷2～3次水，留心不可用急水直接浇或满灌。冬天植株渐渐步入休眠状态，需适度减少浇水频次，可以每隔3—5天在正午前后浇一次水，让土壤稍湿润就可以。

如果用自来水浇茶花，需先将自来水储藏1～2天，待其中的氯气挥发掉之后再用。茶花长得比较慢，不适合过分修剪，通常把影响植株形态的纤弱枝、徒长枝、干枯枝和病虫枝剪掉就可以了。若每个枝条上的花蕾太多，可以采取疏花措施，只留下1～2个，并使留下的花蕾间有一定的距离，剩下的尽早摘掉，以防止损耗营养。将要凋落的花也应尽早摘掉，以降低营养的损耗，利于植株的生长发育，促其形成新花芽。

茶花不仅美丽娇艳，还有食用价值，其花瓣去掉雄蕊，快炒或裹面油炸食用，可健胃消食、凉血解毒。2～3朵红色茶花用水煎服，还可治鼻出血、咯血。红茶花研末，用香油调，敷于患处，可治烫火伤。

茶花可以盆栽或制成插花摆放在客厅、阳台、卧室、书房等光线较好的室内，也可以直接栽种在庭院里观赏。

5. 花叶万年青

花叶万年青又称黛粉叶、银斑万年青、斑叶万年青、六月雪万年青，属天南星科，为多年生常绿灌木状草本植物。最初产自南美巴西的亚马孙河流域。

花叶万年青喜欢温暖、潮湿、阳光充足的环境，也喜欢半荫蔽，不能抵御寒冷，不能忍受干旱，畏强烈的阳光久晒。花期为4—6月。花叶万年青为观叶性植物，苞片为绿色。

花叶万年青用一般土壤栽种也可以，但以疏松透气性好、微酸性壤土最为适宜。种植前需施适量的长效片肥作为底肥，以促使植株快速生长。选择透气性能及渗水性能好的泥盆。经常使用口径为15~20厘米的泥盆作为花盆。

栽种时当植株基部萌发的新芽比较多时，将植株由盆里磕出来。将茎基部的根茎剪断。在剪口处涂抹上草木灰或晾半天，等到剪口干燥后再分别入盆种植即可。种植后要及时浇足水，约经过10天便可萌芽。当温度在10℃以下时，植株容易遭受冻害，室内温度始终高于15℃就能顺利过冬。当室内温度在15℃以下时，则不要再对植株施用肥料。早春的分割萌蘖苗，连根一起种植，成活更容易。

花叶万年青吸收甲醛、一氧化碳、氯气、三氯乙烯及苯类化合物等有害气体的能力比较强，能够很好地净化房间里的空气。

花叶万年青叶片宽大，是一种典型的观叶植物，盆栽可以摆放在书房、客厅、阳台等处。

6. 棕竹

棕竹又称棕榈竹、矮棕竹、筋头竹、观音竹，属棕榈科，为常绿丛生灌木。最初产自我国南方地区。

棕竹喜欢温暖、潮湿和通风的环境，略能抵御寒冷，能忍受0℃上下的低温，不能忍受干旱，比较能忍受荫蔽，畏强烈的阳光照射和西北风。具有很强的适应能力，生长旺盛，萌生新枝的能力也较强，较耐修剪。花期为4—5月。花色为浅黄色。

棕竹喜欢在有肥力、腐殖质丰富、土质松散且排水通畅的酸性土壤中生长，不能忍受贫瘠及盐碱，在表层已经变硬的土壤中会长得不好。栽种棕竹需用体型较大的泥盆或瓷盆，也可用木桶来种植。

栽种时播前宜先用温度为30～35℃的水浸泡棕竹的种子1～2天，等到种子开始萌动的时候再进行播种。把种子播于盆土里，然后盖上2～3厘米厚的细土。播种后需浇水或喷水，并保持土壤湿润，经过30～50天即可萌芽。当小苗的子叶长至8～10厘米长的时候就可正常管理。用盆种植时，培养土可以用相同量的园土、腐叶土及河沙来混合调配。种植前可以在培养土中加进合适量的底肥，以促使植株健壮生长。

夏天阳光强烈的时候需格外留意，要为植株适度遮蔽阳光，防止强烈的阳光直接照射久晒，并要保持通风顺畅，不然叶片容易变黄，或叶片的尖部容易被灼伤，不利于植株的正常生长发育和美观。

棕竹对房间里的很多种有毒物质皆有非常强的吸收及净化作用，其中消除重金属污染和二氧化碳的效果比较明显。同时，它也有非常高的蒸腾效率，对提高房间里的湿度及负离子的浓度都很有效，能令房间里的空气维持清爽新鲜。

棕竹是一种喜阴类的观叶植物，盆栽可摆放在客厅、书房一角。

7. 五色梅

五色梅又称七变花、马缨丹、如意花、红彩花，属马鞭草科，为常绿半藤灌木。最初产自美洲热带地区。

五色梅喜欢温暖、潮湿和光照充足的环境，能忍受较高的温度及干燥炎热的气候，不能抵御寒冷，不能忍受冰雪，能忍受干旱。具有很强的萌生新芽的能力，长得很快。花期为5—10月。

花色最初开放的时候是黄色或粉红色，然后变成橘黄色或橘红色，最后则会变成红色或白色，在同一个花序里经常会红黄相间。五色梅对

土壤没有严格的要求,具有很强的适应能力,能忍受贫瘠,然而在有肥力、土质松散且排水通畅的沙质土壤中长得最好。选用泥盆为佳,盆的大小根据植株大小来确定。

栽种时在5月的时候,剪下一年生的健康壮实的枝条作为插穗,使每一段含有两节,留下上部一节的两片叶子,并把叶子剪掉一半。把下部一节插进洁净的沙土里,插好后浇足水,并留意遮蔽阳光、保持温度和一定的湿度,插后大约经过30天便可长出新根及萌生新枝。种好后要留意及时浇水,以促使植株生长,等到存活且生长势头变强之后,则可以少浇一些水。每年4月中、下旬更换一次花盆和盆土。在开花之后马上追施肥料,则能令植株连续开花。

五色梅的花色多姿多彩,就像一个活泼的少年,充满了朝气和活力,不怕困难和挫折,总是乐观向上,给人以积极的影响。它的花型比较圆润,代表着圆满的家庭,花序由许多小花组成,就像一个和睦的大家庭,每个成员都相互支持、相互关爱,共同生活、共同进步。此外,五色梅的花也具有吸引蝴蝶的特性,每当花开时,会有许多蝴蝶翩翩而至,增添了生机和动感,寓意着美好的爱情和友情。

五色梅花姿柔美,可露地种植,矮性品种多作盆栽或盆景,可以摆放在书房、客厅等处。但要注意避免儿童触碰误食。

8. 绿萝

绿萝又称黄金葛、黄金藤、魔鬼藤,属天南星科,为多年生常绿藤本观叶植物。最初产自中美洲和南美洲的热带雨林区域。

绿萝喜欢温暖、潮湿及半荫蔽的环境,不能忍受寒冷及干旱,畏强烈的阳光直接照射。绿萝一般很少开花,大株在光照、水分、温度等皆合适的情况下才能开花。花色有为佛焰苞花序，佛焰苞背面为翠绿色，里面为玫瑰红色，外部边缘为粉白色。

绿萝喜欢在土质松散、有肥力且排水通畅的土壤中生长，以有肥力的泥炭土或腐叶土为佳。可使用泥盆、塑料盆、瓷盆、陶土盆，花盆口径通常为14～34厘米。

栽种时剪下长15～30厘米的枝条作为插穗，将基部1～2节的叶片除去，需留意不可损伤到气根。之后用培养土直接上盆种植，插后浇足水并令基质维持潮湿状态。放在背阴、凉爽且通风顺畅的地方管理，温度控制在高于20℃，经过20～30天便可长出新根、萌生新芽，当年即可生长为能观赏的植株。若每月朝叶片表面喷施一次0.2%的磷酸二氢钾溶液，能令叶片颜色更翠绿，叶片表面的斑纹也会更鲜明、艳丽。

培养土可以用等量的园土、泥灰土或腐叶土、粗沙来混合调配。因绿萝属于蔓性植物，而且藤蔓无法直立，在生长季节要为其设置支柱，令茎叶能附着向上生长。幼株通常每年要更换一次花盆，成龄植株则每1～2年更换一次花盆即可。

绿萝具有较强的净化室内空气的能力，特别是对于氨气和甲醛的吸收能力极强。根据有关测定，每平方米绿萝的叶面积24小时便可除掉2.48毫克氨气和0.59毫克甲醛。另外，绿萝还可以净化洗涤剂及油烟的气味，可以很好地将空气里有害的化学物质吸收掉，减少其对人们身体的伤害。

大型绿萝盆栽可摆放在客厅花架上或卧室一角，小型盆栽和吊盆可摆放在书架、书桌、餐桌等处，因其喜欢温湿和半荫蔽的环境，也可摆放在厨房和卫生间。

重点提示

绿萝是一种四季常绿的植物，在家里养绿萝不仅可以为家居环境增添绿意，还能起到装饰作用，使家里更加温馨、舒适。绿萝的叶片形状美观，颜色鲜绿，具有一定的观赏价值，可以让人们的心情更加放松，缓解压力，有利于身心健康。此外，绿萝的观赏价值还体现在其可以作为阳台上的攀援绿植，或是案头的一抹清新，为生活空间增添一抹亮丽的色彩。

9. 发财树

发财树又称巴拉马栗、美国花生树、瓜栗，属木棉科，为常绿乔木。最初产自热带美洲。

发财树喜欢温暖、潮湿及光照充足的环境，不能抵御寒冷，略能忍受干旱，比较能忍受荫蔽。具有很强的适应能力，生命力旺盛。花期为4—5月。花色有红、白或浅黄色。

发财树喜欢在有肥力、有机质丰富、土质松散、排水通畅的中性至微酸性土壤中生长，不能在黏重土壤或碱性土壤中生长。为了有益于根系的生长和发育，花盆最少要有40厘米深，而且以选择使用透气性比较良好的泥瓦盆最为适宜。

栽种时截下长 15～30 厘米的健康壮实的木质化枝条作为插穗。把它插进扦插介质中或直接插到盆栽土上，插后浇足水并固定好插穗，之后放在背阴、凉爽且通风顺畅的地方管理，比较容易存活。幼苗不能忍受霜冻，成年植株则能忍受轻霜和长时间的 5～6℃的低温。培养土经常用 6 份园土、2 份粗沙和 2 份腐熟的有机肥，或 8 份腐叶土和 2 份煤渣来混合调配。

上盆之前要在盆底铺放一层碎小的砖瓦片作为排水层，以便于排水通畅。一般每 2 年要更换一次花盆，以春天进行为好。为了使外形好看，在房间里摆设时可以在泥瓦盆的外面套上一个大一个型号的瓷盆或塑料盆。

发财树可以很好地将甲醛、氨气、氮氧化合物等有害气体吸收掉。根据有关测算，每平方米发财树的叶面积 24 小时便可消除掉 0.48 毫克的甲醛及 2.37 毫克的氨气，堪称净化房间内空气的高手。

发财树茎干经过编辫造型后显得落落大方、气派非凡，可用于装点客厅、阳台、书房、门厅。

10. 香龙血树

香龙血树又称巴西木、巴西铁树、巴西千年木、香干年木，属百合科，为多年生常绿灌木或小乔木。最初产自亚洲热带区域及非洲，在我国云南、广西南部皆有分布。

香龙血树喜欢温暖、潮湿及光照充足的环境，不能抵御寒冷，能忍受干旱，不能忍受水涝，具有比较强的忍受荫蔽的能力，畏强烈的阳光直接照射。花期为3月。花色有乳黄、乳白色。

香龙血树生命力旺盛，喜欢在有肥力、腐殖质丰富、土质松散且排水通畅的沙质土壤或微酸性土壤中生长，不能忍受贫瘠。培养土可以用相同量的河沙、腐叶土及珍珠岩来混合调配，并加入少许有机肥作为底肥。可使用泥盆、塑料盆、瓷盆、陶盆栽培，幼株的花盆口径为12～20厘米，成株的花盆口径为24～34厘米，盆体尽可能深一些。

栽种时在5—6月剪下长5～10厘米的成熟且健康壮实的茎干作为插穗。把它插到培养土中，空气湿度控制在约80%，室内温度控制在25～30℃，插后经过30～40天即可长出根来，约经过50天就能上盆种植。上盆的时候要在花盆底部铺放一些碎小的石块，以便于排水通畅及使重心下降，以免植株不稳固。种植深度需根据茎干的高度来确定，通常埋进30厘米深，令茎干不容易歪斜就可以。

为了掌控植株的高度及塑形可以把顶部剪掉，以促使其下部萌生新枝。初春及立秋以后植株可以承受全日照，夏天要遮蔽约50%的阳光，冬天则可以置于房间里接近向南窗口的地方。

新植株每年要更换一次花盆，老植株则可每两年更换一次花盆，适宜于春天进行。

香龙血树的叶片及根部可以将甲醛、苯、甲苯、二甲苯，还有激光打印机、复印机及洗涤剂所释放出来的三氯乙烯吸收掉，并可以把上述有害气体转化分解成没有毒的物质，能很好地净化房间里的空气。

香龙血树是一种观叶类植物，盆栽可用来装饰客厅、书房或摆放在卧室一角。

11. 仙客来

仙客来又称萝卜海棠、兔耳花、兔子花、一品冠，属报春花科，为多年生球根植物。原产于欧洲南部的地中海沿岸地区，现在世界各地均有栽培。

仙客来适宜种植在阳光充足、温和湿润的环境中，不耐寒冷和酷暑，忌雨淋、水涝。夏季一般处于休眠状态，春、秋、冬三季为生长期。仙客来喜疏松肥沃、排水性能良好的酸性沙质土壤。在我国华东、华北、东北等冬季温度较低的地区，适宜在温暖的室内栽培。花期为10月至次年5月。花色有桃红、绯红、玫红、紫红、白色。

盆栽时，培养土可选用泥炭、蛭石和珍珠岩按3：2：1比例混

第二章 家养花卉介绍

合后的土壤,也可用等份的腐叶土和黏质土混合而成的土壤。适宜种植在透气性较好的素烧泥盆中。播种时,选择口径为8厘米左右的花盆即可。第一次换盆时使用口径为13～16厘米的花盆较好,第二次换盆时使用口径为18～22厘米的花盆为宜。

栽种时种子发芽适温为18～20℃。北方可在8月下旬至9月上旬播种,南方可在9月下旬至10月上旬播种。种子用冷水浸泡1～2天,或用30℃左右的温水浸泡3～4小时。在盆底铺上一些碎瓦片或者碎塑胶泡沫,覆土。将种子放进土壤中,种子上覆土2厘米左右。把花盆浸在水中,让土壤吸透水,取出用玻璃盖住花盆,将其置于温暖的室内。约35天后种子发芽。此时拿去玻璃,将花盆放在向阳通风处。当叶片长到10片以上时,将植株换入口径为13～16厘米的花盆中。换盆时根系要带土,以免损伤。栽种时,球茎的1/3应裸露在土壤外。

仙客来对空气中的有毒气体二氧化硫有较强的抵抗能力。它的叶片能吸收二氧化硫,并经过氧化作用将其转化为无毒或低毒性的硫酸盐等物质。

适合放置在客厅、书房、居室等场所。

> **重点提示**
>
> 仙客来是喜光植物,冬春季节是花期,此时最好将它放于向阳处。在仙客来的生长旺盛期,最好每旬为其施肥一次。在植株花朵含苞待放时,可为其施一次骨粉或过磷酸钙肥。仙客来不耐旱,因此日常水分供应要充足,尤其是炎热的夏季,否则,叶片会出现枯黄、萎蔫的现象。

第四节 适合养在庭院的花卉

1. 芍药

芍药又称余容、将离、殿春花、婪尾春，属毛茛科，为多年生宿根草本植物。最初产自我国北部地区，以及朝鲜、日本、西伯利亚等地。

芍药喜欢冷凉荫蔽的环境，耐旱、耐寒、耐阴。适宜在排水通畅的沙壤土中生长，特别喜欢肥沃的土壤。可以选择肥沃、排水通畅、透气性好的沙质土壤、中性土壤或微碱性土壤。花期为4—5月。花色有白、红、粉、黄、紫、紫黑、浅绿色等。

栽种时可选择排水、透气性良好的泥瓦盆或陶盆，栽种芍药的土壤层越深厚越好，所以最好选择高盆。挖出3年以上的芍药株丛，抖掉根上的泥土。将母株移至阴凉干燥处放置片刻。母株稍微蔫软后，用刀将根株剖成几丛，确保每丛根株上有3~5个芽。将小根株放置在阴凉干燥处阴干。在盆底铺一层土，土层约为盆高的2/5。将阴干略软的小根株栽入盆中扶正，向盆中填土、压实。在每一次施肥之后都要立即疏松土壤，使芍药生长得更顺利。

芍药的分株栽培时间最好选在 9 月下旬到 10 月上旬，也就是白露到寒露期间，这一期间的气候温度适合芍药的生长，可使新株有充足的时间在冬天到来之前长出新根。

芍药能够对二氧化硫与烟雾进行监测。当芍药遭受二氧化硫与烟雾的侵害时，其叶片尖端或叶片边缘就会呈现出深浅不一的斑点。

芍药在阳光充足的地方生长茂盛，因此最好摆放在庭院、窗台、阳台等向阳处。

2. 栀子花

栀子花又称山栀子、黄栀、白蟾花、玉荷花，属茜草科，为常绿灌木植物，最初产自我国长江流域，生长在我国中部和南部区域。

栀子花喜欢温暖、潮湿的气候，抵御寒冷的能力不太强。喜欢光照充足，也能忍受半荫蔽的环境，畏强烈的阳光直接照射和久晒，应遮蔽大约 50% 的阳光。花期为 6—8 月。花色为白色。

栀子花喜欢有肥力、土质松散、排水通畅、质地微黏的酸性土壤，在碱性土壤中生长容易变黄，是典型的酸性植物。栽种栀子花宜选用较浅或中深的紫砂盆，不宜用塑料盆。

栽种时将栀子花幼苗的根部浸泡在水中，每天换水一次，一周后才可上盆栽植。在花盆底部铺上一层砖瓦片，以利于排水，然后加入一层土壤。将栀子花幼苗置入盆中，继续填土，然后将土壤轻轻压实，浇透水分即可。

盆栽时的培养土最好用40%园土、15%粗沙、30%厩肥土与15%腐叶土来调配。盆栽栀子花时，通常要每2～3年更换一次花盆。冬天不要对栀子花施肥。

> 栀子的果实是传统中药，具有护肝、利胆、降压、镇静、止血、消肿等作用，在中医临床常用于治疗黄疸型肝炎、扭挫伤、高血压、糖尿病等症。
>
> 栀子花具有较强的环保功能，可以直接栽种在庭院露地，也可以盆栽摆放在客厅、卧室、书房，还可以制成插花或花篮装点居室。

3. 丁香花

丁香花又称紫丁香、情客、鸡舌香、百结，属木犀科，为落叶小乔木或灌木，主要生长于亚洲温带和欧洲东南部区域，我国原产有23种。

丁香花为弱阳性植物，喜欢温暖、光照充足的环境，略能忍受荫蔽。比较能忍受干旱，许多品种也有一定的抵御寒冷的能力。喜欢潮湿，怕水涝，若积聚太多的水会引发病害或导致整株死亡。花期为4—5月。花色有紫红、紫、浅紫、蓝紫、蓝、白色等。

丁香对土壤没有严格的要求，有很强的适应能力，最适宜在土质松散、有肥力且排水通畅的中性土壤中生长，不可栽植在强酸性土壤中。栽种丁香宜选用透气性能好的瓦盆，也可用大型花盆或木桶栽种。

栽种时在花盆底部铺一层粗粒土，作为排水层，然后置入部分土壤。将丁香的幼苗置入花盆中，继续填土，轻轻压实，浇透水分。上盆后放置于阴凉处数日，然后再搬到适当位置正常养护。盆栽丁香一般用黑山土，俗称烂花泥。冬天根据需要可以再加施磷钾肥一次。

种植好后需马上浇透水一次，此后每隔10天浇透水一次，连续浇3~5次植株才能存活。需留意的是，每次浇完水后皆应及时翻松土壤，以促使植株尽快长出新根。

丁香花释放出来的香气包含丁香酚等化学物质，在杀死白喉杆菌、肺结核分枝杆菌、伤寒沙门氏菌及副伤寒沙门氏菌等病菌方面很有成效，可以净化空气、防止传染病的发生，治疗牙痛效果也很明显。

丁香花晚上会散布很多对嗅觉具有强烈刺激作用的极细小的颗粒，对高血压及心脏病的患者造成比较大的影响，因此不宜将其置于卧室里。

丁香可直接栽种在庭院里观赏，也可以用大型花盆或木桶栽种，用来装饰客厅、阳台。

4. 蜡梅

蜡梅又称蜡梅、黄梅花、雪里花、蜡木，属蜡梅科，为落叶小乔木或灌木。原产于我国中部地区，各地均有栽培，秦岭地区及湖北地区有野生蜡梅。

蜡梅喜欢在阳光充足的地方生长，能耐阴、耐寒、耐旱，忌水湿，怕风。花期为12月至次年1月。花色有纯黄色、金黄色、淡黄色、墨黄色、紫黄色，也有银白色、淡白色、雪白色、黄白色。

蜡梅宜选择土层深厚、排水良好的轻壤土栽培，以近中性或微酸性土壤为佳。忌碱土和黏性土。蜡梅对花盆的选择性不高，瓦盆、陶盆、紫砂盆等都可以用来栽种蜡梅。蜡梅为深根性树种，应用深盆、大盆栽植。

栽种时上盆前，在整株蜡梅中选择一根粗壮的主枝，将主枝上的枝条从基部剪掉，只向上留三根分布均匀的侧枝，对主枝进行截顶。在花盆底部铺一层基肥，在基肥上盖一层薄土。将蜡梅放在花盆中央，扶正，用培养土压紧。浇透水。上盆后放到阴凉处缓苗一个月左右，再放到阳光充足的地方进行养护。上盆以冬、春两季为宜。蜡梅的花

第二章 家养花卉介绍

蕾、根、根皮均可入药。花蕾味辛，性凉，有解暑生津，开胃散郁，止咳功效。根、根皮味辛，性温，具有祛风，解毒，止血的功效。根皮可外用治刀伤出血。

蜡梅可以直接栽种在庭院里观赏，但注意不要栽种在树荫下，否则会导致花开稀疏甚至不开花，影响观赏。也可以放在室内阳光比较充足的地方，比如朝南的阳台、窗台。

重点提示

盆栽蜡梅每2～3年换盆一次。若将花盆放在采光通风好的环境中，可减少病虫害的发生。由于蜡梅怕风，风大会使叶片相互摩擦从而产生锈斑。所以上盆后最好把花盆放在一个背风向阳的地方。另外，花期尤其注意不能受风，否则会出现花瓣舒展不开的现象，最终导致花苞不开，影响观赏。

5. 鸢尾

鸢尾又称屋顶鸢尾、扁竹花、蓝蝴蝶，属鸢尾科，为多年生宿根草本植物，最初产自我国和日本。法国把它定为国花。

鸢尾喜欢温暖、潮湿和半荫蔽的环境，无法忍受较高的温度和过度潮湿，怕积水，不能忍受寒冷。喜欢湿润度适宜且排水通畅的土壤。花期为4—6月。花色有紫、蓝、黄、白色等。

鸢尾对于土壤并不挑剔，以种植在深厚肥沃疏松的中性沙质壤土中生长最佳。同时，在土壤中建议加入泥炭、蛭石或粗沙。最好选用素烧陶盆或塑料盆，以多孔盆为好。为了保持良好的透气性，宜用浅盆，盆高最好小于盆的直径。

栽种时应选择一个饱满、颜色鲜润的鸢尾球茎。种植前先要松土，并使其稍微湿润，同时施入足够的底肥，主要是施入磷、钾肥。接着，用拇指轻轻压球茎，直到球茎大部分都没入土中。栽完后要浇足水。

种植时间最好选在9—10月，应将植株种植在排水通畅、朝阳且风吹不到的地方。鸢尾耐旱性较强，即使一个月不浇水也不会枯萎，但前提条件是空气的湿度要比较高。

鸢尾能够对二氧化硫、甲醛、氮氧化物和氯化氢等进行监测。鸢尾具有非常强的抗毒能力，可以吸收空气里的一定浓度的有毒气体，能够经由叶片将毒性较强的二氧化硫吸收掉，并通过氧化作用把其转化成没有毒或毒性较低的硫酸盐等物质。

鸢尾花形飘逸，极具观赏价值。盆栽鸢尾可摆放在客厅、门厅，但由于其花香会使喉头充血并使人感觉麻痹，所以不宜摆放在卧室内。

6. 柠檬

柠檬又称柠果、洋柠檬、益母果，属芸香科，为常绿小乔木。原产于印度、我国西南地区、缅甸西南部和北部、喜马拉雅山南麓的东部地区。

第二章 家养花卉介绍

柠檬喜欢温暖湿润、有光照、通风良好的环境，比较耐寒。花期为4—5月。花色有淡紫红色、白色等。

柠檬对土壤的选择性不高，只要肥沃、排水良好，无论在沙质土壤或黏质土壤中均可生长。但以腐殖质土壤为最佳，在中性或微碱性土壤中也能生长良好。栽种柠檬可选瓦盆、瓷盆、木桶等，其中以瓦盆为佳。一般来说，盆的口径不小于24厘米，盆高不低于18厘米，盆底部最好有3个排水孔。

栽种时将盆底的排水孔用瓦片垫好，再铺一层4～5厘米厚的培养土，培养土中最好拌少量的磷酸钙。将柠檬放入盆中，摆开根系，扶正，填入培养土至盆口处，埋土的同时，用手轻轻提苗，再把盆土压实，浇足水，放在通风、半阴的地方。一星期后将盆栽移入日照充足的地方，进行日常管理。

重点提示

盆栽的柠檬中盆土少，营养供给非常有限，时间一长，土壤就会缺乏肥力，导致开花少，结果也不多。如果想让柠檬每年都能正常开花并结出硕果，最好每年都翻盆换土一次。北方的土质偏碱，施肥时可在液肥中加入硫酸亚铁，配制成微酸性营养液。若想预防病虫害，做到未雨绸缪，可每半月喷花药一次，时间为上午9点左右，下午4点左右，正午时分不宜喷洒。

柠檬的果皮中含有一种叫作黄酮类的化合物，这种化合物可消灭空气中的多种病原菌，起到净化空气的作用。

柠檬是一种喜光的树种，适合在庭院中栽植。盆栽的柠檬也可摆放在有阳光照射的阳台、客厅、天台等。

7. 薄荷

薄荷又称野薄荷、夜息香、番荷菜、升阳菜，属唇形科，为多年生草本植物，最初产自北温带，如今世界各个地区都有栽植。

薄荷喜欢温暖、潮湿和光照充足的环境，比较能忍受炎热和荫蔽，畏强烈的阳光直接照射久晒，抵御寒冷的能力也比较强。喜欢雨量充足的环境，可是也怕水涝。花期为6—10月。花色有浅红、浅紫红、浅紫或乳白色。

薄荷对土壤没有太高的要求，然而最适宜在土质松散、有肥力、有机质丰富、排水通畅的含沙土壤中生长，不能忍受贫瘠与干旱，不能在黏重和酸碱性太强的土壤中正常生长。栽种薄荷适宜选择比较深的泥盆，最好不用塑料盆。

栽种时在花盆底部铺放几块碎砖瓦片，以便于排水。在花盆中放入少量土壤，然后将薄荷幼苗放在盆中，一层一层填土，轻轻压实

第二章 家养花卉介绍

浇透水分，然后放置阴凉处悉心照料。盆栽薄荷时，可以用腐叶土或山泥加上适量的河沙与有机肥混合调配成培养土。在生长季节需接受充足的阳光照射，在夏天阳光较强烈时则需进行适度遮蔽，防止被强烈的阳光灼伤。

薄荷可入茶饮，健胃祛风、祛痰、利胆、抗痉挛，改善感冒发热、咽喉、肿痛，并消除头痛、牙痛、恶心。将薄荷叶揉碎用渗出的汁液涂在虫咬、太阳穴或肌肉酸痛的部分，可以起到止痒、止痛消肿、减轻酸痛的效果。

薄荷具有提神醒脑的作用，养一盆薄荷可使人头脑清醒、提高工作效率。所以，薄荷适合摆放在书房的窗台、书架和桌案上。要注意的是，不适合在卧室摆放薄荷，否则影响睡眠质量。

8. 龙牙花

龙牙花又称象牙红，属豆科，为多年生小乔木。原产地为热带美洲。

龙牙花喜欢高温、多湿的环境，但怕积水，不耐寒冷，南方较寒冷年份易受到冻害。喜欢光照充足的环境，略能忍受荫蔽。生长健壮，易于存活，发芽力强，长势迅速，耐修剪。花期为6月。花色为深红色。

适宜在排水良好、肥沃的酸性沙壤土上生长，在干旱、贫瘠的土壤上会生长不良。宜选规格稍大的盆。

栽种龙牙花适宜在4—5月进行，此时栽培的植株具有较高的成活率。剪取长15～20厘米的生长枝条作为插穗。在盆土里施入充足的底肥，将插穗插入培养土中，插入深度是插穗总长的1/2或2/3即可。插后浇足水并令土壤保持潮湿状态，定期向插穗的顶芽、顶叶喷洒水雾。将其置于半阴处，15～20天后即可生根，当插穗上长出红色小芽时，即表示已经生根。每年春季换一次盆即可。盆土宜选用塘泥2份、沤制好的牛粪和草木灰各1份混合配制而成的土壤。对新栽植上盆的植株，要为其适度遮阴约半个月，以便于鳞茎萌生新的根系。越冬温度应保持15℃左右。

龙牙花花形奇特，艳丽夺目，除了可当家居盆栽观赏之外，还可以当生日时的祝贺鲜花，因为它通常象征火红年华、前程似锦。将龙牙花摆放在房屋的门口处，象征着喜迎嘉宾、祝君好运、笑口常开。

龙牙花的树皮味辛性温，入肝经，具有辛散止痛的功效，可以治肝气郁滞等病症。树皮还有收缩中枢神经的作用，可作为麻醉和镇静剂使用。谨记药用的时候一定要遵从医生的指示和要求，不可自己独自尝试，以免引起中毒。

龙牙花喜欢光照充足的环境，可以直接栽种在庭院观赏，也可以盆栽摆放在客厅、阳台等光线良好的地方，其幼株盆栽也可以摆放在窗台、案几上。

9. 紫薇

紫薇又称红薇花、百日红、满堂红、五里香，属千屈菜科，为落叶灌木或小乔木。最初产自我国华南、华中、华东及西南各个省。

紫薇为阳性树种，喜欢阳光充足，能忍受强烈的阳光久晒，略能忍受荫蔽。能忍受干旱，畏水涝和根部积聚太多的水。喜欢温暖的气候，抵御寒冷的能力不太强。具有很强的萌生新芽的能力，长得比较缓慢，寿命较长。花期为6—10月。花色有鲜红、粉红、紫或白等色。

紫薇适宜在含有石灰质的土壤及有肥力、潮湿、排水通畅的沙质土壤中生存。栽种紫薇宜选用体型偏大一些的紫砂陶盆或釉陶盆。

栽种时紫薇移栽常在秋季落叶后至春季萌芽前进行，移植紫薇时尽量带土移植，以保护须根。将紫薇花种埋入盆土中，然后覆一层细泥土，覆土厚度以看不到种子为准。浇透水分，再盖上一层薄膜。大约经过10天，紫薇就能萌芽，这时要马上把薄膜揭开，让其正常生长。冬天室温也不可太高，不然植株会提早萌芽，不利于春天的生长。家庭盆栽紫薇应及时清除病叶，并将盆花放置在通风透光处。

紫薇可以抵抗二氧化硫、氯气、氯化氢及氟化氢等有毒气体的侵袭，

可以吸滞粉尘,还可以很好地遏制致病菌的繁殖。紫薇所散发出来的挥发性油类还能明显遏制致病菌的繁殖,在5分钟内便能将致病菌杀死,比如白喉杆菌及痢疾杆菌等。

紫薇姿态优美,多用于庭院美化,也可盆栽放置阳台等朝阳处。

10. 蔷薇

蔷薇又称多花蔷薇、雨薇、刺红、刺蘼,属蔷薇科,为落叶灌木。最初产自我国华北、华中、华东、华南和西南区域,在朝鲜半岛和日本亦有分布。

蔷薇喜欢光照充足的环境,也能忍受半荫蔽的环境。能忍受干旱,怕水涝,比较能忍受寒冷,具有很强的萌发新芽的能力,经得住修剪。花期为5—6月。花色有红、粉、黄、紫、黑、白等色。

栽种时需要两种土,一种是砻糠灰,一种是含有丰富腐殖质的沙质土壤。最好选用透水、透气性良好的泥瓦盆或紫砂盆。花盆尽量选择尺寸大一些的,便于根系伸展。

栽种时需要两个盆。在一个花盆里铺8～10厘米厚的砻糠灰,浇水拍实。在蔷薇母株上剪一条20厘米长的嫩枝,去叶。将嫩枝插入砻糠灰土泥,扦插的深度为3厘米左右。立即浇透水。第一个星期应保持花盆内有充足的水分，以后可逐渐减少浇水的水量和次数。半个月后，将嫩枝连同新生的根系一并掘出，敲掉根部泥土，剪掉受伤和过长的根须。将嫩枝移入装有沙质土壤的花盆里定植，定植深度不宜太深，以土刚盖住根茎部为宜。

在春天、夏初及早秋时节进行的扦插繁殖比较容易成活。为提高扦插的成活率，可在扦插前先用小木棒插一下花盆里的砻糠灰土泥，以防止硬物损伤嫩枝基部组织。

要及时修剪掉纤弱枝、干枯枝和病虫枝，以促进植株萌生新的枝条。

蔷薇所散发出来的香味和释放出来的挥发性油类，能显著遏制肺炎球菌、结核分枝杆菌和葡萄球菌的生长与繁殖，还能令人放松神经、缓解精神紧张和消除身心的疲乏劳累感。

蔷薇可栽种在庭院，也可盆栽摆放在客厅、阳台、天台等向阳的地方。

11. 凤仙花

凤仙花又称金凤花、指甲花、好女儿花，属凤仙花科，为一年生草本植物。最初产自印度、我国南部和马来西亚地区。如今世界各个地区皆广泛栽植。

凤仙花喜欢温暖、潮湿和光照充足的环境，能忍受盛夏时炎热的气候，不能抵御寒冷，不能忍受干旱，也怕水涝，略能忍受荫蔽。具有比较强的适应能力，生长得很快。花期为6—10月。花色有白、粉、水红、玫瑰红、大红、洋红、茄紫、紫及黄等。

凤仙花喜欢在土层较厚、有肥力、土质松散且排水通畅的弱酸性土壤中生长，在比较瘠薄的土壤中也可以生长。可选用泥盆、塑料盆、瓷盆、陶土盆，花盆口径为20厘米。

栽种时4月间播种。播种后适宜先盖上厚3～4毫米的土后再浇水，留意遮蔽阳光，约经过10天就能长出幼苗。当幼苗生长出3～4枚叶片之后便可进行移植。种植前要在土壤里施入适量的底肥，以促使植株健壮生长。通常要于每年春天更换一次花盆。在植株开花期间要及时把基部的花朵摘掉，以使各个枝条顶端能够相继开花。

凤仙花的种子及茎皆可入药，具有清热解毒、活血散瘀、促进排尿、通经透骨的功用。将鲜草捣烂涂敷在体表病患处，则能医治疮疖肿痛和毒虫咬伤。另外，凤仙花有一定的抵抗空气里的二氧化硫、二氧化氮等有毒气体的能力，还可以将空气里的二氧化硫吸收掉。

家庭栽种凤仙花，不可将其置于密不通风的房间里，可把凤仙花种植在庭院花坛中或草坪里。

重点提示

凤仙花如鹤顶、似彩凤，姿态优美，妩媚悦人。香艳的红色凤仙和娇嫩的碧色凤仙都是早晨开放，具有极高的观赏价值。凤仙花因其花色、品种极为丰富，是美化花坛、花境的常用材料，可丛植、群植和盆栽，也可作切花水养。

12. 夹竹桃

夹竹桃又称红花夹竹桃、柳叶桃、半年红、柳桃，属夹竹桃科，为常绿大灌木或小乔木。最初产自印度、伊朗及阿富汗，分布在全世界热带和亚热带地区，在温带区域亦有少量分布。

夹竹桃喜欢温暖、潮湿和阳光充足的环境，略能抵御寒冷，具有一定程度的抵抗干旱的能力，不能忍受积水，能忍受半荫蔽。花期为6—10月。花色有桃红、粉红、白色等。

夹竹桃生命力旺盛，对土壤没有严格的要求，然而在土质松散、有肥力且排水通畅的土壤中长得最好。选用透气性好、排水良好的泥盆，盆体稍深为好，花盆口径为25～34厘米。

栽种时要在春天或夏天进行，剪下长15～20厘米的枝条作为插穗。把枝条的基部在清澈的水里浸泡10～20天，时常更换新水以维持水质洁净。等到切口发黏的时候再取出来插到培养土中，或等到长出新根后再取出来进行扦插，皆比较容易存活。在盆土里施入充足的底肥，以促使植株健壮生长。移植后要一次浇足定根水，忌水涝。当气温高于15℃的时候，植株能接连开花。

夹竹桃具有很高的观赏价值，其叶片如柳似竹，红花灼灼，胜似桃花，花冠粉红至深红或白色，具有特殊香气，花期为6—10月，是有名的观赏花卉。夹竹桃花的形状像漏斗，花瓣相互重叠，有红色、黄色和白色三种，其中红色是其自然色彩，而白色、黄色则是通过人工长期培育造就的新品种。

南方多露地栽种在庭院里，北方则多栽种在大型花盆里装饰客厅、阳台，也可以瓶插摆放在桌案、书架上。

13. 番红花

番红花又称西红花、藏红花，属鸢尾科，为多年生草本植物。最初产自欧洲南部意大利及地中海沿岸，如今主要分布在西班牙、法国、西西里岛、伊朗等地区。

番红花喜欢阳光充足、温暖湿润的环境，较耐寒，怕酷热，耐半阴。花期为10—11月。花色有淡蓝色、红紫色、白色，常带紫斑。番红花的最佳生长温度在15℃左右，开花的最佳温度为14～20℃。

盆栽番红花最好选择富含腐殖质、疏松肥沃、排水透气良好的土壤。栽种番红花宜选择透气性能较好的泥盆，不能用塑料盆。盆的口径最好在15～20厘米。

栽种时番红花既可以用盆进行栽种，也可在水中栽培。盆栽的时

间一般选在9—10月。在盆底放几块碎瓦片，用来当排水层。往盆中加入培养土，直至达到盆高的一半。将番红花的鳞茎放入盆中。一般口径为15～20厘米的泥盆可栽种5～7块鳞茎。在鳞茎上覆上一层苔藓，然后填充培养土。浇透水并放在室外，待生根之后移入冷室内，室内的气温要略高于室外。

番红花有一股强烈的香气且性苦，能够起到杀菌、除异味的作用，能洁净室内的空气。同时番红花的香味还有抗氧化和放松身心的作用，对维护人的生理和心理健康大有裨益。

番红花株形矮小、花朵烂漫多姿，而且还散发着一股浓郁的香味，是点缀居室的好材料。可摆放在窗台、客厅以及餐桌上，也可露天栽培于庭院中。

14. 玫瑰

玫瑰又称刺玫花、湖花、笔头花、徘徊花，属蔷薇科，为落叶木本植物。最初产自我国东北、华北区域，在朝鲜和日本亦有分布。

玫瑰喜欢光照充足、通风顺畅的环境，在阴暗、遮蔽和通风不畅的地方会生长不好。能忍受寒冷和干旱，不能忍受水涝。为浅根性植物，萌生新芽的能力很强，生长得较为迅速。花期为5—8月。花色有红、紫红、紫、白等色。

玫瑰具有比较强的适应能力，对土壤没有严格的要求，在微碱性土壤里也可以正常生长，然而在排水通畅、有肥力、土质松散的沙质壤土中长得最好。玫瑰多行露地栽培，如果是盆栽，则对花盆的要求较高，最好选用透气性良好的泥盆。

栽种时选取一根成熟的带有3～4个芽的玫瑰枝条，剪下。将枝条插入盆土中，浇透水分。将花盆放置在避光的地方，并要保证盆土处于潮湿状态。大约一个月后，枝条即可长出根来。

玫瑰每年至少于早春换盆或倒盆一次，换盆时需添加肥料。每次施用肥料时如果土壤较干旱，皆要在施完肥后浇一次透水。

玫瑰所散发出来的挥发性油类及其芳香的气味既可以令人放松、愉悦，有助于睡眠，又有明显的杀灭细菌的作用，可以显著地压制肝炎球菌、结核分枝杆菌、葡萄球菌等的生长与繁殖。

玫瑰可以盆栽摆放在客厅、书房，也可以制成瓶插装点居室。

15. 接骨木

接骨木又称公道老、扦扦活、马尿骚、大接骨丹，属忍冬科，为多年生丛生灌木或小乔木。最初产自我国东北、华北、西北、西南地区，在朝鲜和日本也有分布。

接骨木喜欢阳光充足的环境，但是也耐荫蔽。耐寒，耐旱，忌水涝。花期为4—5月。花色有白色、淡黄色。

接骨水对土壤的要求不高，但最好种植在疏松、肥沃的土壤中。栽种接骨木最好选择排水和透气性能都比较好的素烧盆，不宜选用塑料盆。盆的口径最好偏大一些。

第二章 家养花卉介绍

栽种时选择一根根系完整、健壮、无病害、无虫害的新苗。在盆底垫上几块碎瓦片，以便于排水。在盆中填一层培养土，并将植株放在盆中，扶正，让根系充分舒展开。从四周填入培养土，一边填土一边将土壤压实。

接骨木适合在阳光充足的地方生长。若光照不足，枝条就会柔弱无力，又细又长，花也会开得比较稀疏，影响观赏。接骨木的根须多，根系繁茂，所以对水的需求量比较大。若植株在生长旺盛期，要多浇水，保持盆土湿润。

接骨木中含有天然植物美白成分和维生素C，这些精华成分可以渗入到皮肤的基底层，有效抑制酪氨酸酶的活性，分解黑色素，淡化各种原因造成的色斑。用接骨木花水熏蒸脸部还可以调整脸部肌肤的油脂分泌，起到改善青春痘的作用。除此之外，把接骨木花进行蒸馏，得到的水有化妆水的功效，可使皮肤细嫩白皙。

接骨木的花、根、果实都可以入药，可以治疗小到牙痛、大到传染性疾病的种种疾病。用接骨木泡茶时的茶汤漱口，可以有效防治牙周疾病和咽喉疾病，如口腔溃疡、牙龈发炎、口臭、咽喉肿痛等。用这种茶汤热敷，还可以治疗冻伤。

因接骨木所释放出来的芳香气味会刺激人体的肠胃，所以适合种植在庭院中，而不能陈设在室内。

重点提示

接骨木是一种中药材，在药用方面有极大的作用，有疏通经络、活血化瘀、止痛等作用，民间治疗常见病的偏方有许多，如治肾炎水肿，可用接骨木3～5克煎服；治创伤出血，可将接骨木研粉，外敷；改善产后血晕，可用接骨木碎块一把，加水1升进行煮制，当药汤剩一半儿时关火，将药汤分次服下。

16. 紫藤

紫藤又称招藤、朱藤、藤萝，属豆科，为多年生落叶木质藤本植物。最初产自我国，如今世界各个地区都有栽植。

紫藤喜欢阳光充足，稍能忍受荫蔽，能忍受寒冷和干旱，怕积水。为深根性植物，具有较强的适应性，萌生新芽的能力很强，生长得很快，寿命较长。花期为4—5月。花色有紫、淡紫、蓝紫色等。

紫藤对土壤没有严格的要求，能忍受贫瘠，在普通土壤中也可生长，然而以排水通畅、土层较厚、有肥力且土质松散的土壤最为适宜。栽种紫藤宜用大而深的瓦盆，深度以80厘米为宜，以利于根系较好地生长和吸收更多的营养成分。

种植时将紫藤的种子用热水浸泡一下，待水温降至30℃左右时，捞出种子并在冷水中淘洗片刻，然后放置一昼夜。将种子埋入盆土中，浇透水分。当紫藤长到一定高度的时候，盆栽便不合适了，应种植在庭院里，为其搭设一个棚架或放置在围墙边，让其慢慢生长。

盆栽紫藤在开花期间可摆放在室内光照充足的地方。每年立秋之后到立春之前，还需要施用腐熟的有机肥一次，以利于植株下一年的生长发育。

紫藤花用开水焯过之后，可炒食、凉拌或蒸食，清香味美。紫藤花还可提炼芳香油，并有解毒、止吐等功效。紫藤皮具有杀虫、止痛、祛风通络等功效，可治筋骨疼痛、风痹痛、烧虫病等病症。

紫藤可栽种在庭院里用于垂直绿化，也可以盆栽摆放在阳台、天台、客厅等光线充足的地方，还可以制作成盆景或插花装饰居室。

17. 石榴

石榴又称若榴、天浆、沃丹、丹若，属石榴科，为落叶小乔木或灌木。最初产自波斯，也就是现在的伊朗、阿富汗等中亚区域，在公元前2世纪左右传进我国。

石榴喜欢温暖、干燥、光照充足的环境，不能忍受荫蔽，在荫蔽的地方会长得不好。能忍受干旱，不能忍受积水，具有一定的抵御寒冷的能力。花期为5—7月。花色有红、白、粉红、黄、玛瑙等色。

石榴对土壤没有严格的要求，能忍受贫瘠，耐盐力较强，喜欢土质松散、有肥力且排水通畅的沙质土壤，然而在太黏重的土壤中其正常的生长发育会受到影响。盆栽石榴可以使用瓦盆、陶盆及塑料盆等，盆的口径通常超过30厘米。

栽种时在花盆底部的排水孔上方铺放几块碎小的瓦块，以便于排除过剩的水分，然后放入少量土壤。将石榴幼株置入盆土中，继续填土，轻轻压实，浇透水分。等到盆土向下沉落后再填入一部分土壤，轻轻压实，此后细心照料即可。

石榴果实如一颗颗红色的宝石，果粒酸甜可口多汁，并且营养价值高，富含丰富的水果糖类、优质蛋白质、易吸收脂肪等，可以补充人体能量和热量，但是不增加身体负担。中医认为，石榴具有清热、解毒、平肝、补血、活血和止泻的功效，非常适合患有黄疸型肝炎、哮喘和久泻的患者以及经期过长的女性食用。

> 石榴成熟后，全身都可用，果皮可入药，果实可直接食用或压汁。石榴是既可观花又可观果的植物，可以直接栽种在庭院里，也可以制作成盆景摆放在客厅、卧室、书房，还可用大一些的花盆栽种，摆放在阳台、天台或客厅一角。

18. 金橘

金橘又称金柑、枣橘、牛奶金柑、羊奶橘，属芸香科，为常绿灌木。最初产自我国暖温带及亚热带区域，广泛分布于长江流域及以南的各个省区。

金橘喜欢温暖、光照充足的环境，略能忍受荫蔽，比较能抵御寒冷。喜欢潮湿，也能忍受干旱，怕水涝。花期为6—8月。花色为乳白色。

金橘喜欢在土质松散、土层较厚、有肥力、腐殖质丰富且排水通畅的中性或酸性沙质土壤中生长。种植金橘时，应该尽量选用特大型花盆，透气、渗水、轻便的泥盆或缸瓦盆是最好选择。

第二章 家养花卉介绍

栽种嫁接时枝接在3—4月宜用切接法，芽接在6—9月进行，靠接在6月进行，盆栽常用此法。嫁接成活后的第二年萌芽前可移栽，要多带宿土。

每隔1～2年，春季出室时进行换土，换土后放在阴处养护半月，然后放到阳光下培育。修剪后既要使枝条不错乱，又要保持相当密度，形成良好的圆头形树冠。7月秋梢新发，对过密和影响树形的嫩枝应及时摘除。

养护过程中还要注意向日性，花盆朝南的，移动后仍需朝南，不能紊乱光照，否则树势不旺。用花盆栽植时，培养土可以用5份沙土、4份腐叶土和1份饼肥来混合调配。冬天房间里的温度不适宜太高，不然会导致植株休眠不充足，不利于次年的开花和结果实。

金橘中含有大量的维生素C，而且金橘皮也是很有营养的，先洗干净，然后连皮带肉一起放在嘴里嚼着吃就行了。还可以做成金橘蜜饯，或与银耳、雪梨、莲子等炖食均可。金橘具有生津止渴、理气解郁、健胃消食、化痰、醒酒的功效，还能增强抗寒能力，可以防治感冒、咳嗽、哮喘。

金橘是一种典型的观果类植物，可直接种植在庭院里欣赏，也可以盆栽摆放在客厅、卧室、书房、阳台等向阳的地方。

19. 山楂

山楂又称红果子、棠棣、山里红，属蔷薇科，为落叶乔木植物。最初产自我国东北、华北、江苏地区。朝鲜半岛和西伯利亚地区也有分布。

山楂喜欢凉爽、湿润的环境。耐寒，耐高温，耐阴。多生长于山谷、半阴坡和阳坡。花期为5—6月。花色为白色。

山楂对土壤的选择性不高，以疏松、肥沃、排水良好的中性或微酸性沙壤土为好。不适合种植在土质黏滞、盐碱性大的土壤中。山楂栽种时应选择透气性好的瓦盆或紫砂盆、素烧盆等，要求容器的口径为30～40厘米，深为30厘米。

栽种时在盆底排水孔上放几块瓦片，施入基肥，铺上一层培养土。将山楂放在花盆中央，使其根系舒展，继续填入残留的表土，同时将苗木轻轻上提，使根系与土密切接触。用脚踩实，浇透水。一般在春季萌芽前或秋季落叶后栽种，但以秋季为好。

在对山楂进行修剪时可采取剪、扎并用的方式塑造出完美的株型。但山楂的枝条较脆，修剪时必须小心细致。雨季要注意及时排水。

山楂气味清香，味酸甜，可用于治疗肉食积滞、胃脘胀满、泻

第二章 家养花卉介绍

痛腹痛、瘀血经闭、产后淤阻、心腹刺痛、疝气作痛、高脂血症等。可鲜食，或煮粥，或做成饮料，或炖成羹汤喝。

山楂的树叶翠绿，果实绛红，红绿搭配，确实赏心悦目，而且山楂的挂果时间长达两个月，种植在庭院可让人享尽眼福。盆栽山楂适合摆放在窗台、天台、阳台等阳光充足的地方。

20. 金雀花

金雀花又称锦鸡儿、金鹊花、黄雀花、阳雀花，属豆科，为落叶小灌木。原产于我国，在河北、山西、山东、河南、江苏、陕西、湖北、浙江等省均有分布。

金雀花喜欢在阳光充足的地方生长，耐干旱、抗瘠薄、抗强风，具有广泛的适应性，在极为恶劣的自然条件下也能够正常生长。花期为5—6月。花色为金黄色。

金雀花对土壤有较好的适应性，但以土层深厚、肥沃湿润的沙质壤土为最佳。还可以选用中性或微酸性的壤土或轻黏土，不宜选用碱性土。栽种金雀花可以选择紫砂陶盆，且盆最好偏深。

金雀花栽种的时间以早春为宜。选好新苗，剪除多余的枝条和一些有伤口的根。剪枝和剪根的时候剪口要求平滑。不要将新苗泡在水中，

123

否则栽种后很容易出现烂根的情况。在盆底垫几块碎瓦片，当排水层。铺一层培养土，将新苗放在盆中，扶正，再从四周填充培养土。浇足定根水，并将植株放在背风向阳处养护。新苗摆放的地方温度不能过高，否则会使植株过早发芽，造成"假活"现象。

盆栽金雀花时，可适当地将植株根部向上提起，露出土面，这样可以让植株显得更为遒劲苍老，更具有观赏性。每隔2～3年翻盆一次，时间可以选在早春。翻盆时要换掉一些旧土，并将过长的根适当剪短。

金雀花含有蛋白质、脂肪、碳水化合物、多种维生素、多种矿物质等成分。金雀花有很多的吃法，可以放汤，可以清炒，可以凉拌。金雀花株形小巧、叶片银绿、有光泽，花朵金黄。若在金雀花盛开的季节，枝头上会密密匝匝地挤满一簇金黄色的花朵，就像一个个天真烂漫的小姑娘挤在一起叽叽喳喳地说笑。

金雀花的根须苍劲、枝条柔软，适合制成一些美观的造型，如风动式、悬崖式、丛林式等。

金雀花可栽种在庭院中，可以当观花的篱笆，也可以摆放在阳台、窗台上点缀居室。

21. 一品红

一品红又称圣诞花、象牙红、老来娇、猩猩木，属大戟科，为多年生常绿或半常绿灌木。最初产自墨西哥及中美洲地区。

一品红喜欢温暖、潮湿和光照充足的环境，不能抵御寒冷，不能忍受干旱，也不能忍受水涝。为典型的短日照植物，强烈的阳光直接照射和阳光不充足都会影响正常生长。花期为11月到翌年3月。花色为黄色。

第二章　家养花卉介绍

一品红对土壤没有严格的要求，能忍受贫瘠的土壤，然而喜欢在土质松散、有肥力、排水通畅的沙壤土或弱酸性土壤中生长，土壤酸碱度在5.5～6范围内最为适宜。宜选用不透明塑料盆、瓷盆、陶土盆，花盆口径为18～22厘米。

栽种时剪取一段10厘米左右一年生的健壮枝条，并剪掉2～3枚下端的叶片，用草木灰涂抹剪口。插穗略晾干后插到培养土中，浇足水后适度蔽光，温度控制在20℃左右，半个多月后可长出根。当小苗长至10～12厘米高时便能移植上盆。通常在每年春天更换一次花盆和盆土。

一品红的花姿俊美，五彩缤纷，花瓣层层叠叠，远远看去，红花绿叶，非常漂亮。它的花瓣一个连着一个，很硬，看起来非常像假花，但只要你一摸，就会感觉这花瓣是真的。一品红的叶子娇嫩，只要你用手把它的花瓣轻轻一折，就会流出许多白色的液体。一品红在每年12月左右到来年的2、3月开花，随着天气变冷，花叶从绿色变成红色，天越冷，叶子就越红；天气暖和了，它又变绿，就像一位神奇的魔术师。因此，一品红不仅艳丽婀娜，它的品格也很值得我们学习，跟梅花一样，不畏严寒，能够在寒冷的冬季盛开美丽的花朵，在寒风中傲然绽放，在白雪中点缀上点点红色，别有一番韵味。

一品红适合种植在庭院中，也可盆栽摆放在客厅、书房、卧室或

窗台上，它的形态多样，颜色丰富，适合在家庭、办公室等地进行栽培和观赏。

重点提示

一品红花期长，盆栽可用于美化室内环境。其性凉，有调经止血、活血化瘀、接骨消肿的药用价值。在栽植培育一品红期间，要防止一品红的枝条和叶片发生断裂，在采取摘心、扦插等操作的时候务必不要触及其汁液，也尽可能地别触及残破损坏的一品红，以防止使皮肤出现不适或造成中毒。家庭栽植的时候，只要格外留意，通常不会损害人们的身体健康，但有儿童的家庭要倍加留意，不可让其摆弄或误食一品红的茎和叶片。

第三章

花卉的养护技巧

第一节 四季花卉养护

1. 春季如何养护花卉

俗话说："一年之计在于春。"花卉春天的养护极其重要，它可能会决定花卉一年的繁盛状况。

春天是万物复苏的季节，大多数花卉经过一个冬天的休眠期，会在春天开始旺盛生长，此时花卉蒸发量大，耗氧多，因此对于水肥的需求量比较大。盆土中一旦出现干裂状况，一定要注意及时浇水，每周或每半个月施肥一次，并且在每次浇水和施肥前，最好能松松土。

经过了一个冬天的"懒散"管理，在春天到来的时候，就要及时修剪枯枝败叶，并记得为一些藤本花卉添加支柱和绑扎，使枝叶分布均匀，通风透光，这样才能让藤本花卉有"型"。而一些常绿花卉在春天发叶前换盆最易成活，因此可选阴天进行换盆或上盆的工作。

此外，春天是花卉繁殖的大好时节，尤其是那些夏秋开花的花卉，在春季要及时播种，对球根花卉要及时栽种，多年生花卉应进行扦插。

春暖花开的季节，也正是气温出现变化的时机。在冬季，许多花卉不耐严寒，需要在温暖的室内越冬，而到了春季，就要将它们移出室外。但是，千万不要冒失地进行这项工作，对花儿来说，气

第三章 花卉的养护技巧

温的陡然变化会对它们造成极大的伤害，尤其在早春时节，盆花很容易受倒春寒影响而被冻死。所以，如何安全地在春天将花卉移出室外，是春季养花的重点。

春季将花卉移出室外，应该遵循"缓出室"的原则。一般室内越冬花卉的出室时间，最好选在清明到立夏之间，至于具体到哪一天，需要根据花卉自身的特性、当地的气候来定。如梅花、月季、迎春花等，应在月平均气温为15℃的情况下才适合出室；而米兰、茉莉等，应在月平均气温达到18℃时才适合出室。

将室内花卉移到室外时，应先将花卉锻炼15天，即上午搬出去，下午再搬进屋，让花卉适应外界环境后，再将其完全放在室外培养。

有养花经验的人，都知道禽粪是重要的优质肥源，而鸡粪更是优质肥源中的精品。鸡粪的养分较之其他家禽粪更容易分解，而且鸡粪中含水量很高，矿物质丰富，成本也较低，非常适合用来做花肥，能让花卉健康成长、花开灿烂。尤其是在气候回暖的春天，施用鸡粪肥效果更是明显。将鸡粪肥作为基肥施用，肥效比普通肥料要长，可保持一年仍肥力不减，因此只要春天使用了鸡粪肥，一年之内就能"一劳永逸"，不需再过多地追施其他肥料。鸡粪肥中的诸多营养成分，还能起到改良土壤的作用，有利于植株生长。

如果将鸡粪肥作为追肥施用，可将鸡粪入缸，加水覆盖表面，缸口用塑料袋或盖子封严，让其彻底发酵成熟，3个月后取出即可施用。不过因为是追肥，最好加入一定量的清水稀释。作为追肥施用时，肥效多半只能保持2个月左右。

重点提示

鸡粪肥属于热性有机肥，效果好，但要注意不能过量，因此应谨遵"薄肥勤施"的原则。

此外，将鸡粪用作基肥时，为了防止肥害，也为避免因施用有机肥引起虫害，无论是地栽还是盆栽，都应让花卉根部和鸡粪肥保持5厘米以上的距离，以将伤害降至最低。

2. 夏季如何养护花卉

在炎热的夏季，许多花卉迎来了充足的光照，但也面临着新的潜在危机。对于光照，不同的花卉会表现出不同的反应和生理需要，比如有些花卉在高温时节花会越开越漂亮，如太阳花，而有些花卉会在夏天休眠。那么，在夏季强光酷热的环境下，如何让花卉顺利地度过这一阶段呢？不妨从以下几个方面来加强管理。

在持续高温的盛夏，对一些喜欢阴凉环境或喜欢短日照的花卉，如兰花、杜鹃、君子兰、四季海棠、昙花、蟹爪兰，都应该及时将其置于阴凉的通风处，或者干脆移入室内，以防止高温酷暑导致花卉缺水，出现萎蔫的情况。另外，还要经常向盆花周围及地面喷水，给盆花创造一个凉爽、湿润的环境，有利于它们安然度夏。

大部分花卉生长、开花都需要充足的阳光，但这并不等于夏日里

第三章 花卉的养护技巧

需要强烈阳光的暴晒,那样往往会将花卉灼伤。比如君子兰、棕竹、吊兰、花叶芋、山茶花、文竹等,在受到阳光暴晒后,原本翠绿的叶片会变得焦枯干黄,叶面会呈现出火烧般的褐红色斑点,严重时叶片甚至直接萎缩枯死。但这些花卉在柔和的散射光照耀下,会比在阴凉的地方生长得繁茂,所以没必要将它们全部移入室内,只要在阳光强烈时,如中午时分,注意为盆花遮阴即可。遮阴的材料以竹帘最好,一方面可遮去大部分强光,减少热辐射,另一方面又可透过些许散射光,有利于植株生长。

夏天气温高,水分蒸发快,可在每天早晚各浇1次水。切忌在中午阳光下浇水,这样水分很容易蒸发掉,浇水时可将花卉移到通风阴凉处,半小时后待水分基本吸收,再移到散射光充足之处。当天气异常炎热、干燥时,还应用水喷洒室外花卉的周围地面等,增加空气的湿度。浇花用的水,最好能放在太阳下晾晒增温后再用,以免这些水和盆土存在温差,影响植株吸收水分。

夏季给花卉施肥,不能像春天那样猛烈,一般采取追加喷洒液肥的方式。施肥时可最大限度地将肥料稀释,并根据花卉的不同欣赏部位,施加不同的花肥,如观叶植物就施加以含氮为主的肥料,如饼肥、尿素等;观花、观果植物就施加含磷、钾为主的液肥,如中药渣、过磷酸钙等,一般每半个月一次。但在夏季处于休眠状态或者半休眠状态的花卉,如倒挂金钟、马蹄莲、天竺葵、仙客来、茶花、杜鹃、牡丹、蜡梅、君子兰等，都可以不用施肥，以免引起花枝徒长，浪费养料，甚至会引起球根腐烂。

经过春天的萌芽和生长，到了夏天的时候，花卉枝头上难免会出现枯老病枝叶，或者是过密的枝叶。为了保持植株形态的优美和花果的艳丽，可以在夏季的初期，对花卉进行修剪，剪掉那些过密枝条、徒长枝条，并进行摘心、剥芽等工作。另外，一品红、碧桃、三角梅等花卉，入夏初期正是进行盘枝造型的好时机，千万不要错过。

3. 秋季如何养护花卉

进入秋天，气温开始慢慢下降了，日照也比夏天少得多，花卉对光照、水分、肥料的需求也随之发生了变化。在秋高气爽的季节里，有些花卉会开花结果，而有些花卉却开始逐步落叶，因此，在秋天也要根据不同的花卉，采取不同的护理对策。

由于秋天强烈的光照逐渐减少，为了躲避夏日高温和暴晒而移入室内的花卉，如扶桑、四季海棠、昙花等，在进入秋天后，应将它们移到早晚有阳光的地方。另外，像春节前后开花的杜鹃、君子兰、仙客来、一品红、蟹爪兰等盆花，也应放在阳光充足的地方，否则会导致花期推迟。不过要注意避免秋老虎时节的暴晒，所以中午时分还是要为花卉遮阴。

秋天温度虽没夏天那么高，但空气会变得相当干燥，花卉对水分的需求量仍然很大。浇水时宜采用不干不浇、浇则浇透的原则，浇水

第三章 花卉的养护技巧

时间定在每天的上午 10 点以前，下午 3 点以后。秋天比夏天更为干燥，所以更要勤快地辅以向花卉叶面或周围空气中喷水，以增加空气湿度。切忌给花卉根部灌大水，因为秋冬季节的盆土应以湿润偏干为主，以利花卉越冬。

随着秋天的到来，许多在夏天处于休眠或半休眠状态的花卉，都开始恢复了生长势头，比如菊花、白玉兰、蟹爪兰等，都会在秋天孕蕾，而月季、君子兰等花卉则会在秋天长枝叶。所以，施肥绝对是秋天护理花卉的重点。

秋季给花卉施肥，可以每隔 10 天施一次含氮、磷、钾的薄肥。另外，入秋后，花卉为迎接冬天的到来，需要在体内蓄积许多营养，以提高御寒能力，如吊兰、龟背竹等观叶植物，这时可 15～20 天对其施一次肥。但过了寒露时节之后，就不宜再追施肥了，以免引起花枝徒长。

除早春开花的花卉外，大部分花卉如茉莉、紫薇、石榴等，都应在秋季进行修剪整形工作，剪去花卉的枯枝、残叶，以利观赏，也可使植株在冬季减少养料消耗，为花卉越冬打下良好的基础。

重点提示

任何花卉移入室内，都需要一个过渡期，不能将其移到室内就不管不问，或是依旧像在室外一样，大量地浇水和施肥，那样会使得花叶脱落、花根腐烂，以致死亡。在花卉搬进屋的初期，可每天中午再将其搬出去晒晒太阳，7～10 天后再定置于室内，并减少浇水量和施肥量。

到了晚秋季节，天气逐渐转凉，为防花卉遭受秋冬季节霜冻的危害，可提前将部分花卉移入室内，如茉莉、米兰、柑橘、文竹、仙人掌等。之后，桂花、石榴、月季等，应在霜降前移入室内。大丽花、菊花不怕寒冷，越是晚秋花开得越灿烂，可以迟些移入室内，但这些花卉也怕霜冻，所以在寒霜来临的前一刻，将其移到室内即可，以便其继续开花。通常来说，在日平均气温下降5℃左右时，就可以把盆花移入室内。

重点提示

任何花卉移入室内，都需要一个过渡期，不能将其移到室内就不管不问，或是依旧像在室外一样，大量地浇水和施肥，那样会使得花叶脱落、花根腐烂，以致死亡。在花卉搬进屋的初期，可每天中午再将其搬出去晒晒太阳，7～10天后再定置于室内，并减少浇水量和施肥量。

4. 冬季如何养护花卉

冬季来临，随着天气的不断转冷和日照时间的不断减少，花卉的生理活动也从原本旺盛的状态，转入平缓的生长期或休眠期。在这个寒冷的季节里，有些花卉需要搬进室内，而有些花卉可以留在室外，两种花卉的越冬管理技巧并不一样。对于那些需要搬进室内的花卉，在养护上需要注意水、肥、光照这些事项。

冬天将花卉移入室内过冬时，应对其在房间内的位置进行规划。一般来说，春冬开花的花卉、秋播的花卉，都应放在房间内光照充足的地方，如石榴、圣诞花、橡皮树都喜爱中短日照的阳光直射，因此可将其放在光线较好的过道里；凤仙花、蟹爪兰、月季在冬季要尽量延长光照时间，可将其放在光线最好的玻璃窗后。而对于耐低温、耐阴的花卉，可放在没有阳光直射的角落里，或悬挂在屋里的至高处。

第三章 花卉的养护技巧

需要提醒的是，虽然冬天有些花卉需要光照和保温，但决不能将花卉放在离空调或取暖器很近的地方，否则很容易导致枝叶烧焦。

在冬季，很多花卉都进入了休眠期或半休眠期，蒸发量比夏天时少得多，可以不必经常浇水，只在发现盆土内 2～3 厘米以下的部位干成粉末状时，再进行适量浇水。在浇水时要注意控制水温，不要选用和土温、室温相差太大的水，如果觉得水温实在无法精确控制，可以用少量的温开水浇花，但一定要谨记不能过量。

当然，为了防止浇水过量，冬天可以喷水为主，浇水为辅，保持盆土干湿得当即可。比如在冬天和早春开花的梅花、山茶花等，尽量少对其根部浇水，而应该多采用喷水的方式，这样更有利于花苞的形成，从而促进来年花朵的盛开。

冬天花卉施肥很重要。但并不是所有的花卉都要施肥，对于处在休眠期或是半休眠期的花卉，就需要停止施肥。如白兰、米兰、石榴、紫薇、茉莉等以观花赏果为主的花卉，要持续地追施稀薄的磷钾肥；如郁金香、马蹄莲等球根花卉，可施 0.2% 磷酸二氢钾和 0.1% 尿素的混合液；而像铁树、散尾葵等观叶植物，就需要停止施氮肥，但可适当追施一些低浓度的钾肥，以增加花卉的抗寒能力。

冬天是修剪花卉的好时机，因为许多花卉都会在这个季节里休眠。不过，为防止修剪后的枝条被冻伤，可选在冬末到春初的时间段里修

剪枝条，那时的天气逐渐转暖，而且花卉尚未萌芽，花卉被冻伤的概率低，不会影响其正常生长。

冬天仍是病虫害比较严重的季节，花卉易遭受红蜘蛛、蚜虫、白粉虱等虫害。不要以为这些害虫在冬天会被冻死，其实它们只是不习惯低温的环境，暂时减少了活动，到了来年春天，它们会以更加迅猛的势头繁殖，并破坏植株的生长。因此，在每年冬天的初期，要将栽种花卉的花盆进行一次彻底的清洗，一旦发现病枝、残枝、枯枝、烂叶等，不要犹豫，要立即剪掉，并用大火销毁。对发生病虫害的植株喷洒农药时，最好移至室外操作。

严寒的冬季，很多花卉需要搬入室内过冬，但也有些耐寒的花卉，可以任其在室外自然越冬。不过，虽说耐寒花卉有一定的耐寒能力，但也不能忽视对这些花草的防寒保暖工作，尤其是在室外越冬的盆栽类，由于盆土有限，遭遇极度低温时，盆土就会被冻透，从而冻伤花卉根系。所以，对于那些南种北移，以及不耐寒的多年生花卉，就必须采取必要措施避免花卉发生冻害。

梅花、蜡梅、玉兰等花卉，在极度寒冷的季节里，可用稻草、麦穗、旧布、旧棉絮等保暖物，包扎花卉的茎干部分，这相当于给花卉穿上了一层厚厚的棉袄，就不用担心花卉的枝叶部分会被冻伤了。当然，也可以在这些花卉的枝干上涂白，这样不仅可防止冻害，还能预防病虫害进入植株体内。应注意鉴别涂白剂质量的好坏，以涂白剂刷到树干上，不向下流动为好。

涂白剂可自己进行配制。方法是先准备一桶水、半桶生石灰、两勺食盐、两捧黏土、少许石硫合剂原液；然后将生石灰和食盐倒入水中溶解搅匀，静置数小时；最后倒入石硫合剂和黏土，搅拌均匀后即可使用。需要注意的是，用生石灰配制涂白剂，一定要等到生石灰化为膏状的熟石灰后再用。

第三章 花卉的养护技巧

有些种在庭院中比较高大、粗壮的植物，如丁香花、木槿等，可在其主干和粗壮的枝条上缠绕一些草绳，在草绳外围自上而下、以顺时针方向缠绕几层薄膜或塑料袋、保鲜膜，这样就可预防植株主干和大枝遭受冻害了。

另外，室外越冬花卉在寒冷的冬天一般都处于休眠状态，不需要多施肥。但有些花卉会在冬天或第二年春天开花，如蜡梅、梅花、碧桃等，如果在这些花卉的根部周围挖一条沟，然后施些有机肥，如家禽粪或腐叶堆肥土，并用土盖住沟壑，这样有机肥分解可释放热量，为花卉根部保暖，并且有机肥可增加土壤肥力，给即将孕蕾、开花的花卉增加营养。挖出的沟壑最好离根部半米左右，深50～100厘米，最后将肥土堆积在根部周围形成一个圆锥形小山丘，就能有效保护花卉根部了。

波斯菊、瓜叶菊、三色堇、虞美人等，都是较耐寒的草本花卉，在遇到极度寒冷的天气时，可用塑料薄膜、杂草垫子等，覆盖花卉露在外面的枝干部分，等到天晴时再揭开，既可防冻又能让幼苗长得更矮壮，有助于塑形。

金银花、蔷薇等较耐寒的木本花卉，当将其放在室外越冬时，可将其连同花盆一起深埋在室外的地下，以免根系遭受冻害。也可用草木灰覆盖盆土表面，然后用塑料袋裹住花盆周围，这样不仅保湿效果好，对花卉也没有任何刺激。

重点提示

像美人蕉、大丽花等球根花卉，花卉的植株部分到了冬天就会自行枯萎，而根部可留在室外的地下越冬。为了更好地保护根部，可将堆肥土、腐叶、枯草等覆盖在根部的上方。需要提醒的是，当球根花卉露地越冬时，最好让其根茎深藏在土壤中，否则因土壤表层容易形成冻土层，从而冻坏球根，导致花卉第二年不能正常萌芽。

第二节 如何给花卉修剪整形

1. 为什么要修剪花卉

修剪对植物有许多好处，最明显的是能使植物的大小受到控制，外形美观，修剪还能改善植物的表现，促进植物生长、开花和结果并能减少病虫害。如果要对树木做较大程度的修剪，或剪掉较大的树枝，则应寻求专家的帮助。

> 花木修剪的目的是使其枝条分布均匀，节省养料，调节树势，控制徒长，从而使花卉株型整齐，姿态优美，生长健壮，有利开花结果。

2. 常用的花卉修剪工具有哪些

修剪工具的种类很多，工具的使用要根据植物的特点和大小而定，务必使用质量好的锋利的工具，钝工具会损伤枝条。

修枝锯：用于修剪2.5厘米粗的枝条，选用经过热处理的尖齿锯。

修枝剪：修剪约1厘米粗，较柔软的木质枝条。

长柄修枝剪：用于修剪远端的枝条。

第三章 花卉的养护技巧

折叠园艺刀：便于进行轻微的修剪工作。

园艺手套：必须结实，能对手起保护作用。

大剪：用于修剪树篱和一些木本植物。

3. 花卉的修剪技巧

（1）短截

剪掉枝条先端的 1/3～3/4，叫短截，其目的是终止枝条无止境地伸出，同时促使剪口下的腋芽萌发，从而长出更多的侧枝，增加着花部位，使株形丰满圆浑。为了使树冠的外围延伸扩大、枝条层次分明，剪口应位于 1 枚朝外侧生长的腋芽上方。

（2）疏剪

当植株内部枝条过密时，应当从基部疏剪一部分枝条。疏剪的对象是交叉枝、平行枝、内向枝、病虫枝、徒长枝和衰老枝条。疏剪能防止树形紊乱，使它们层次分明，有利于通风、透光和开花。疏剪时应紧靠基部，不要留下残桩。

（3）摘心

摘心是将枝条的顶芽剪掉，去除顶端优势，促进腋芽生长，形成多分枝的丰满株丛，还能使植株多开花，如四季海棠、一串红、荷花等都需摘心。

（4）抹芽

将花卉的腋芽、嫩枝抹去，可节省养分，促使主干通直健壮。如栽培翠菊时，就要求每个枝条不再分出侧枝。

（5）除叶

除叶是为了使植株美观，主要是除掉黄叶、病虫危害的叶片及遮花盖果的叶。

重点提示

对大部分观果花卉来说，开花数量大多超过结果数量，如不进行疏花，让它们都长成幼果，这些幼果中的一部分也会自然脱落，白白耗去大量营养，留下的果实也不能保证质量。因此，应在花期就对过密的花朵进行疏别，但并非每枝的留果数就等于留花数，因为留下的花不见得都能坐稳，因此留花数应为预计产果数的2～3倍，待果实坐稳后，再把多余的幼果疏掉。

4. 常见的花卉整形方式

如果一盆花，枝叶纷乱，参差不齐，尽管枝繁叶茂，花朵盛开，也还是不利观赏。为提高花卉的观赏价值，保持植株的外形美观，就有必要对其整形。植株的外观造型一般有以下几种，要造就这些形状，必须从幼苗开始就进行设计修整。

①单干式：整株花卉只留一主干，以后只在顶端开一朵大花。为达到此目的，就要从幼苗开始将所有侧蕾和侧枝全部摘掉，使养分集中。

也可以一个主干顶端稍稍分出若干侧枝，形成伞状，这也要从小除去侧枝，最后才留部分顶端的侧枝。大丽花就可以采用单干式整形。

②多干式：在苗期摘心，使基部形成数条主枝。根据所想留主枝的数目，再摘除不要的侧枝。一般主枝只留3～7条，如一品红。

③丛生式：灌木类或竹类，以丛生式定型，要疏密相称、高低相宜，使之更富诗情画意，如南天竹、美人蕉、佛肚竹等。

④垂枝式或攀援式：多用于蔓生或藤本花卉，需要搭架使之下垂或攀升，同时也要适当整枝，方法同上，如悬崖菊、牵牛花等。

5. 修剪花木进行催花坐果

栽培赏花或观果的花卉，应该是株形优美，花荣叶茂，果实丰硕，应时观赏。因此，除水肥管理外，还要用修剪的方法调节枝叶生长与花果发育的关系，以促进开花结果。首先要考虑到花果数量与叶片的面积，保持适当的比例，以充分进行光合作用，制造足够的养分，满足开花结果的需要。特别是观果植物，更需注意留有足够的叶片。花卉开花结果的时间不一，要掌握修剪的有利时机。一般早春开花的，花芽大多在头年生的枝条上形成，因此在入冬休眠期，不宜强修剪，

如碧桃、梅花等，只能剪除无花芽的秋梢，但开花后，要做一次整形修剪。

当年生枝条上开花的花卉，如紫薇、月季、夹竹桃、一品红、金橘等，应在入冬休眠期进行修剪，使营养集中，可促进第二年春季多发壮枝。有的花木一般不需要经常修剪，如杜鹃、山茶等，为了保持树形美观匀称，也可酌量剪除一部分枝条的顶端，而不能过多修剪。藤本花卉一般不需要修剪，只把老枝、密生枝、病虫枝等剪除，保持通风透光。

> 有的花卉如八仙花，入冬需要将枝叶全部剪掉，使其茎基续发枝芽，促进孕育花芽，并能使植株整齐茁壮。朱顶红在秋后可将叶子全部剪掉，入室需放在向阳处，室温保持在20℃左右，春节前后即可开花。一般花草如石竹，6月开花以后，把地上部分剪掉，秋季还可再开一茬花。

第三章 花卉的养护技巧

第三节 如何插花与保鲜

1. 插花容器的选择

插花，一般来说，是把鲜花插在花瓶或水盆等容器内进行水养。家庭插花的常用容器是各种花瓶。以瓶蓄水养花是我国最早流行的一种插花形式。花瓶质地及形式多种多样，如瓷瓶、玻璃花瓶、漆花瓶、景泰蓝花瓶、青铜花瓶……造型更是千姿百态，花瓶本身也是一件艺术品。此外，凡能容有一定深度水量，插花后放置稳定的各种容器均可使用。造型别致、优美的瓶、盘、盆、碗、杯、竹筒、笔筒、塑料筷笼……只要有一定欣赏价值并与插花造型和谐一致的都可使用。也可用藤、竹篮、筐作容器，筐内应衬以塑料薄膜并放入相应的盛水容器以免漏水。

重点提示

插花艺术在我国有着悠久的历史，它起源于六朝，盛行于北宋，普及于明朝。我国明代袁宏道著的《瓶史》等插花专著对日本插花艺术的发展有深远的影响。现在世界各国均盛行插花，在花材的选择、道具的形象、构图的方式和造型特色等方面，都能反映出各国各民族自己的文化传统。

2. 插花工具有哪些

插花所需用的工具较简单，有剪刀、花插或花泥、细线或细铅丝、大头针等。

①剪刀：家庭常用剪刀或养花专用的枝剪都可以，用来修整枝、叶或花。

②花插：水盆式插花时常用针状花插或花泥固定花枝，花插有圆形、方形及长方形等多种规格，花鸟商店有售。其下部是平底的重金属块，上面密布许多金属针，在水中不会生锈。花泥为多孔性材质，具有许多毛细管，花枝插入后便于吸水，也可起固定作用。

③铅丝或细线：当所用花枝较短时可用铅丝或细线接长花枝，可把一截小枝接在花枝上，用细线或铅丝绑扎。当一些花枝较柔软不能按理想造型时，可用铅丝缠绕于花枝上，再按需要弯曲整形后，插于瓶或盆中。

④大头针或订书针：有些叶片或枝条为了造型的需要，将其弯曲后可用大头针或订书针固定。

⑤小篮或小盒：盛放上述所需工具以及小的竹签等零星物品，便于取用。

3. 插花材料的选择

几乎各种观赏植物都可用作插花材料，只要花或花序较大、色彩鲜艳明丽或洁白淡雅的花卉都可作插花用。插花的材料又称切花。花卉中唐菖蒲、康乃馨、月季、菊花在国际上称为四大切花，消费量最大，

第三章 花卉的养护技巧

可用温室栽培，已可全年供应。春季百花盛开可用材料较多，如梅花、迎春、山茶、玉兰、辛夷、杜鹃、紫荆桃花、海棠、李花、杏花、绣球花、春兰、小苍兰、石竹、金鱼草、紫罗兰、金盏菊等。夏季可选月季、玫瑰、牡丹、芍药、栀子、茉莉、含笑、米兰、石榴、睡莲、荷花、蕙兰、建兰、美人蕉、晚香玉、大丽菊、唐菖蒲、扶桑、百合、百日菊等作插花材料。秋季可选用的材料有芙蓉、紫薇、鹤望兰、秋菊以及花虽小却浓香袭人的桂花等。冬季可用天竺、一品红、晚菊、蜡梅、银芽柳、火、芦苇花、冬青等作材料。

现在插花艺术不断发展，除了常用花枝以外，一些植物的果、枝、叶甚至野草也可作为插花的材料，它们和花卉组合造型相当别致。现常用的如文竹、天门冬、苏铁、棕榈、红枫、龟背竹、棕竹、八角金盘、散尾葵、常春藤、青木、旱伞草、花叶芋、各种彩叶草、慈菇、泽泻、石刁柏、一叶兰、一些蕨类植物的叶子等。

> 观果类花卉中果色鲜丽、果形奇特的也可作插花材料，如南天竹、枸杞、虎刺、火棘、樱桃、木瓜、枇杷、佛手、柑橘类、野柿子、胡颓子、蔷薇、海棠果、松树果实等。
>
> 干花也可作插花材料，如千日红、麦秆菊、大叶冬青等。它们的花干燥后花瓣不凋落，可用其原色或再人工染色后作插花用。

4. 插花整理与固定

花枝剪下后，为减少水分和营养的消耗，除必要的花朵和少数叶片之外，要将多余的花蕾、枝、叶剪去。根据所插容器的大小、形状以及插花的造型，决定每根花枝的长短，并清理叶面的污物、灰尘。然后将它们的基部浸在一盛水的容器中，或摊在干净的塑料布或温毛巾上，洒些清水保温待插。

插花的容器如果是高深而且口较小的，则花较易按我们所需要的姿态固定。如果是直筒形、喇叭口形、球形且口较大的容器，插花固定时可采用下列方法：

①木本粗枝可将基部劈开，横夹一段小枝或小石块。

②有一定韧性的花枝可将下部枝条折曲再插入瓶中。

③在瓶口设置井字形或土字形插架，也可用竹签或装饮料用的塑料瓶、杯做成此支架置于瓶口，目的是缩小瓶口、便于固定花枝，符合插花造型的要求。

④在浅皿、碗、盆、盘等容器中插花时需用花插或花泥固定。枝条稍粗的可直接插于花插的针座上。如果使用天门冬、文竹等纤细花枝时，可在花插上插一段海芋叶柄或其他较粗壮、疏松的植物茎段，或泡沫塑料、橡皮泥，再将细枝插于此叶柄或塑料块、橡皮泥上面，以便固定并吸水。

5. 插花的造型处理

插花是一种造型艺术，人们运用花的色彩、形状以及盛花的容器进行构图设计，来表现花枝形态的美，所以插花者要有一定的艺术修养。插花时要主次分明，高低错落，比例恰当，线条疏密有致，显示一定的韵律。另外也要注意色彩的对比协调。要表现明快热烈的气氛，多用暖色或选色彩对比强烈的花为主体。表现幽雅恬静的情趣，可选花色淡雅或用色彩调和的花为主体。也要注意插花容器的色泽、形状与花枝高度及展开面积之间相互呼应协调。

东方式插花以我国及日本为代表，以自然式的线条型为主，选材素雅，品种忌杂，以精取胜。用不同线条体现不同形式的美，如有的柔美纤细、婀娜多姿；有的刚劲粗犷、瘦硬老健；有的简洁明快、飘逸潇洒；有的曲直刚柔相结合，组成一幅富于画意的构图。由于它是以自然式线条为主，即按照植物生长的自然姿态进行各种曲线条和直线条的艺术组合，虽经过艺术加工，但仍不失其自然风姿，所以看上去不仅诗情画意浓郁，且造型生动。

东方式插花讲究盛花器具的精巧、雅致。花少而衬以枝叶的美妙

姿态，多采用不对称的形式，讲究意境、情趣，在造型上常用孤芳自赏的形式，线条简洁，有一种清逸、空灵的意境。

东方式插花的基本形式有"瓶花"和"盆花"两种，又以直立型、前倾型、侧倾型、下垂型、平面型为主要造型。

初次插花可选不等边三角形来构图。选三根主要花枝作为主体，分别称为第1、2、3主枝。增添在主枝间的其他花枝称为辅枝，对主枝起陪衬、烘托的作用。同一插花作品中，最好不要选三种以上的材料，三根主枝的长度互成比例，并与花器的径及高相适应。瓶插时第1主枝的长度为花瓶高的1.5倍，而第2主枝的长度为第一主枝的2/3，第3主枝的长度则为第1主枝的1/2（它们的长度都是从瓶口以上计算的）。如果花枝长度不足时，可用铅丝及木棒绑扎接长。盆插时，第1主枝的长度等于盆长（或圆盆的直径）的1.5倍；第2主枝的长度为第1主枝的2/3；第3主枝的长度为第1主枝的1/2。辅枝的长度则没有规则可循，但要注意掌握对称与平衡，对比与统一及韵律变化等构图的原理。运用得好，可把一些很普通的花枝，配合适当的容器组合成一件具有高度观赏价值的艺术装饰品。

西方式插花，讲求花色调和及配合、布局均匀有致，结构均衡和

重点提示

家庭插花，可根据自己的兴趣和爱好，自己构思设计、造型，有时也不一定以花为主，也可以松、柏叶、枫叶、竹叶、柳枝等为主，辅以少数花朵；也可用狗尾草的花序、芦苇的花序，甚至一些闲花野草作材料，只要运用得当，也可以插出富有一定情趣的作品来。

插花可置于茶几、桌面或挂于墙上或吊于空间。安放时，要考虑光源的方向、光线的强弱及色彩，应使插花处于最佳位置以取得最好的视觉观赏效果。

重心明显，重复、对称的结构是其一个特色。一般插成圆形、球形、三角形及椭圆形等，选用丰腴的花，如郁金香、康乃馨、月季、玫瑰、牡丹、芍药等，且数量较多，花朵均匀，色彩鲜艳，讲究块面的艺术效果，花器、花朵及枝叶互相联系、重心明确，给人以雍容华贵、热烈欢快的感觉。

6. 插花如何养护

插花养护得法可以增加观赏效果，还可以延长鲜花的欣赏时间。养护时的方法注意以下几点：

（1）合理用水

选用清洁的河水、井水、池塘水。如用自来水，需要先放入缸内存放一昼夜再用。同时要注意经常换水，一般夏季宜1～2天换水一次，为防止瓶水变质，可在瓶水中放入小块木炭或少量食盐等防腐剂；冬季2～3天换水1次，换水时要注意清除残花、残叶，并适当剪短花枝，将腐烂的枝头除去，以保持鲜艳与匀称。

（2）插花摆放的位置要适当

夏季应避免强光照射，冬季不能离暖气或火炉太近，以减低呼吸作用和水分的蒸腾，防止花朵凋谢早落。同时也不能将插花放在成熟的水果附近，防止催熟剂乙烯气体加速花瓣的脱落。

（3）夏天保鲜方法

夏天瓶花易凋谢，这是由于夏天花瓶里的水温太高，杂菌容易繁殖所致。可以由冰箱的制冰盆中拿出两三块冰块，将它们放入花瓶里，使花瓶里的水变冷，水中的杂菌自然不易繁殖。所以夏天插花，除了每天给花瓶换水外，另需放置冰块以使花朵保鲜。

7. 插花的色彩配置

插花的色彩可分原色和间色两类，原色是独立存在的，如红、黄和蓝色；间色是用原色调和而成的。

在设计插花的色彩配置时，首先要考虑插花所要摆放的房间的色调：选择与之相邻的色彩的鲜花，便会创造出一种和谐的气氛。如果选择与室内陈设品完全相反的色彩的鲜花，便会得到一种强烈地突出插花作品的表现方式。

像音乐要有一个主旋律一样，插花的色彩配置也要有主题。比如，足够的绿色同一点红色在一起就有一种春天的气息；当白色鲜花置于黑色背景下的剪影里时，它不再需要任何陪衬便能表现出它自身内在的持重与高雅。橙黄色如果与其他同样强烈的色彩如深红色、紫色、深蓝色或深黄色在一起使用时看起来会很壮观，就像一幅十八世纪的鲜花静物画一样。色彩的主题是设计者的意图所在，也是插花艺术的精髓所在。

选择几种色彩邻近的鲜花，可以得到柔和、宁静、漂亮的效果，而对比色的运用则能产生强烈奔放的效果。红色和绿色是能够很好组合的对比色，富有节日气氛，华丽而又传统。在很多鲜红、淡红的花中加入一点橙黄色的花，看起来会让人觉得新奇、炫目、充满生机。

8. 如何切花

切花是指从植物体上剪切下来的花朵、花枝、叶片等的总称，它们为插花的素材，也被称为花材，用于插花或制作花束、花篮、花圈等花卉装饰。

切花需要正确的方法和恰当的时期，如香石竹、唐菖蒲、鸢尾和金鱼草，在紧实花蕾阶段采切，以后可在瓶插中逐渐开放；而兰花、大丽花和雏菊一类切花必须在花朵充分开放后采切，否则花蕾不能正常开放。香石竹和菊花在夏季采切阶段宜早一些，因花茎内积累的营养物质较多；而在冬季采切阶段宜晚些，以保证采切能正常开花发育。一般在花蕾期采切可使切花便于处理，因为花蕾较花朵紧凑，便于运输，也降低切花对采后环节所遇高温、低温、低湿和乙烯气体的敏感性，增强对机械损伤的耐受性，从而延长切花的采后寿命。对于大部分切花，适宜在上午采切，因为上午切花细胞的膨胀压高，即含水量最多。也可以傍晚采切，因经过白天的光合作用，切花茎中积累了较多碳水化合物，切花质量高、气温也较低，应避免在高温、高光照环境下采切。

重点提示

要用锋利的刀剪把花茎从母株上切割下来，截口应呈45°斜面，以增加花茎吸水面积。切口应光滑，不要压迫茎部，防止茎内植物汁液渗出和微生物的浸染。切花采割后，应立即放置于水中或保鲜液中，并尽快预冷或置于干冷库中，除去其田间热、防止水分丧失。

9. 插花如何保鲜

（1）干贮藏

如香石竹、菊花、唐菖蒲、百合、月季、郁金香、水仙、芍药等贮前装入包装箱内密封，再放入冷藏库内，这种干贮藏的优点是节省贮库空间，切花贮期较长，但需花费较多劳力和包装材料。贮前切花应用含有糖、杀菌剂和抗乙烯剂的保鲜液进行处理，以延长贮期。在切花放入聚乙烯膜以前，应先包上软纸以吸收冷藏过程中可能出现的冷凝水，冷凝水会损伤切花。要防止贮期库内温度波动过大。

一些切花如唐菖蒲和金鱼草对重力很敏感，若呈水平位置贮放，会产生向地性弯曲，影响切花质量，所以切花应垂直贮放和运输。

（2）湿贮藏

将切花插入水中或保鲜液中，再置于冷库内贮藏。它适用于各种切花，尤以大丽花、小苍花、非洲菊、丝石竹、天门冬等更适宜湿贮。这样切花组织可保持高膨胀度，但占用冷库空间较大，温度保持在3～4℃，比干贮法（0℃）稍高，切花发育和衰老也要快一些。

一般短期贮存的切花，采切后立即放入盛有水或温暖保鲜液（38～42℃）的容器中，再把容器和切花一起放进冷库中。花茎下部叶应去除，以防止泡水过程中腐烂。在湿贮期间，切花应保持干燥，不要喷水，以防止叶片受害和灰霉病发生。切花湿贮最好采用去离子水或蒸馏水，不采用自来水。

第四章

花卉的栽种管理

第一节 花卉的繁殖

1. 种子的收集与保存

采收花草种子时，首先要掌握种子的成熟时期和成熟度。种子成熟时，花瓣干枯，种粒坚实而有光泽，同时，采收要及时，以免阴雨霉烂或散落。在同一株上要选开花早和成熟早的种子留种，如果发现花朵或颜色等有变异的，应单收、单种。花卉种子收藏方法，常用的有干藏、沙藏、水藏等。

干藏：大多数花卉均可将种子阴干，除去杂物装入瓶或厚纸袋内，如一串红、仙客来等。放置空气流通的室内，要求室温变化不大，温度在5～10℃之间。

> **重点提示**
>
> 采收花籽方法因花草的种类不同而异，有的可将整个花朵摘下，风干后取种，如鸡冠花、一串红等；有的可将果实搓搓洗去果肉，晒干理出种子，如金银茄、珊瑚豆等。还有些种子成熟后，果皮容易崩裂散失，应在果实从绿变黄时将种子剥离，及时采收，如凤仙花、三色堇等。

沙藏：将采收的种子用潮湿沙土埋上，土温保持0～5℃。这类种子自然条件下有一段休眠期，播种前一个月拿出，如牡丹、芍药等。

水藏：有的种子采收后，应泡在水里，如睡莲，水温要求保持5℃。

各类种子均不宜暴晒，应放在暗处保存，注意防潮和鼠害。

2. 播种前种子的处理

播种前，要精选品种纯正，具有一定特性的种子，要新鲜、成熟饱满、色正光润、无病虫害。

花卉播种繁殖，绝大部分容易发芽，不需要特殊处理，个别种壳坚硬或含蜡质的种子，透水慢，在播种前应分别用浸种、剥壳、搓磨、沙藏等方法处理。

温水浸种：将种子放盆中，用 40～60℃的温水浸泡，在 20℃以上的地方放置 24 小时，然后将水滤去，用湿布蒙盖，待大部分种子萌芽时，即可播种。

冷水浸种：与温水浸种方法相同，改用冷水浸种。

剥壳播种：美人蕉等花卉的种子壳厚又坚硬，不易透水，需要将种壳剥去再播种，注意不要碰伤芽胚。

锉磨：荷花莲子种皮坚硬含蜡质，不易透水，播种前可用木锉、粗石等，将发芽孔（即大头，原来连在莲房的一端）磨破后，浸泡在 20～25℃水中才能发芽。

沙藏：牡丹、鸢尾等种子可放在 0～5℃低温的湿沙中，贮藏两三个月，经过休眠后春季播种。

3. 花卉的播种繁殖

播种繁殖是将花卉的种子埋到土壤中，使之萌动发芽，长成完整植株的过程。其优点为繁殖速度快，幼苗生命力强，有望培育出新品种。

花卉的播种繁殖通常采用盆播，所用的盆具最好用口径较大者，如果栽培的数量不多，也可用小型花盆进行播种。但是花盆过小，水分容易散失，对种子的萌发、幼苗的生长不利。最好使用经过高温灭菌、富含腐殖质的砂质土壤作为繁殖基质。通常，播种繁殖采用以下两种方式进行。

（1）点播法

点播法适用于繁殖种子较大的花卉，在操作时可先在繁殖基质中挖坑，然后投入种子，再覆盖以厚度为种子直径3～4倍的土。通常用点播法繁殖花卉所用的种子为每坑2～3粒，这样才能保证齐苗，并为以后挑选壮苗做好准备。在播种后先覆土，然后用手轻压，使之瓷实一些，以防土面塌陷。然后再将繁殖容器摆放到无日光直射的温暖之处，这时即可浇水。然后盖上玻璃或者油布，等盆土见干时用细孔喷壶轻轻喷水，待齐苗后应将玻璃去掉，以保证幼苗正常生长，当小苗长出2～3片真叶即可进行移栽。

适合点播法繁殖的花卉主要有：君子兰、牡丹、牵牛花、芡实、芍药、苏铁、龟背竹、含羞草、旱金莲、红花菜豆、天门冬、玩具南瓜、文竹、牙牙葫芦、紫茉莉等。

（2）撒播法

撒播法适用于繁殖种子较小的花卉，在操作时通常要把一份种子与数份干燥细砂混合在一起，然后将其撒播在繁殖容器表面。用撒播法繁殖花卉通常要先往繁殖容器中浇水，再用竹片趁水没有完全渗入土中时将其刮平，待水完全渗入土中后即可播种，这样做可避免繁殖用土在浇水后出现塌陷的情况，以保证有更高的出苗率。在播种后，可将繁殖容器表面盖上一块玻璃，或覆盖一层塑料薄膜，避免日光直射，否则繁殖容器内的温度便会变得较高，这样对幼苗出土反而不利。

移栽的目的是扩大小苗的生长空间，同时也借移栽操作变相修剪了它的根系，这样小苗才能生长得更好。有些栽培者为图省事，不进行移苗，最后往往造成整盆小苗腐烂死亡。经移栽于新花盆中的小苗应该采用坐盆法供水，先遮阴数日，待其长出4～5片真叶时，即可进行分栽。应该注意的是，如果迟迟不进行分栽，反而会抑制小苗的正常生长。

> 适合撒播法繁殖的花卉主要有：矮牵牛、百日草、半支莲、波斯菊、长春花、雏菊、翠菊、大花秋葵、大岩桐、凤尾鸡冠、枸杞、黑心菊、花菱草、鸡冠花、锦葵、金银茄、金鱼草、落葵、麦秆菊、美国石竹、千日红、三色堇、生石花、石竹、矢车菊、四季秋海棠、四季樱草、酸浆、天人菊、万寿菊、五彩椒、五指茄、勿忘草、西洋樱草、雁来红、一串红、银苞菊、虞美人、月见草、紫罗兰、醉蝶花等。

4. 花卉的扦插繁殖

扦插繁殖是利用植物器官的再生作用，将花卉的某一部分从植物体上取下，然后插在适宜生根的基质中，使之发育成一个完整植株的过程。扦插繁殖的优点是能够保持品种种性，在较短时间内能够繁殖出大量种苗，能够解决某些花卉不结实等问题。缺点有繁殖系数较低、品种容易退化、新株根系不太发达等情况。根据所采用的不同的繁殖材料，很多花卉雌雄蕊退化，不会结实，也有些花卉，虽引种来能生长，但种子不能成熟。也有些优良的花卉品种，在播种之后，往往劣变而失去原来的优良特性。又有些花卉播种之后，需要很长的时间才能开花。也有些植株仅在一枝一芽上发生变异。这些都需要以扦插繁殖法来繁殖。因为扦插繁殖后，比较能维持其原来性状，而且也能提早开花结实。

(1) 分株

将一株花卉，从根部分为2株以上分别栽植的方法，叫分株。分株的幼苗具有完整的根茎叶。分株一般春秋季进行。室内盆栽，以春季为多，露地栽植者以秋季为多。其方法是以手掰、刀切均可，但以手掰为好，这样可不伤根。分株先挖起整个植株，抖去泥土，然后寻根系自然分歧纹路而分散，分株不宜过小，每株至少带3芽，以便在分株后，能迅速形成一个株丛。

(2) 分球

球根植物，多利用分球进行繁殖。分球的时间，是在挖球之后即予进行。这样可避免损伤大球养分有碍开花。球根栽植分春植与秋植两种。春植可在3、4月栽，秋植可在10月栽，但有些春植球根夏季也可栽植。植球需先深翻土地，一般要求能达到25厘米以上的深度。整平之后，开种植沟，沟距25厘米左右，沟内施上基肥，基肥以厩肥、草木灰为主。肥料上薄覆土一层，然后植球。植球距离以植物种类及球的大小和土质而定，小者深3～6厘米，大者可15～20厘米。植球时宜注意芽的着生方向，使芽眼向上有利出土，深度宜使球顶距地面为球高的2～3倍，过深阻碍芽的生长，过浅则水分不足，沙质壤土宜深植，黏重土宜稍浅。

(3) 扦插

扦插是取植物体的一部分，插入土中或砂中，而使其生根发芽，

第四章 花卉的栽种管理

构成新的独立的植物体。

扦插时间依种类而不同，分春季、夏季、秋季三种。如管理得当，生长季节也可扦插。温室更不受时间限制，虽严冬也可扦插。另外也根据植物生长，结合修剪进行。冬季花木落叶之后，萌芽之前，修剪时进行硬枝扦插。春季、秋季采摘嫩枝或半熟枝进行扦插。

插床准备：插床是植物生根的地方，它必须供给插条以生根的优良环境，普通用作插床的土壤有园土，即普通畦地的土壤，如菊花多采用之。混合土是在园土内混些糠灰、黄沙，以使疏松、有利排水，康乃馨等多采用之。酸性土，如含微酸性的山泥，茶花、杜鹃多用之。黄砂，即普通的黄砂，是优良的扦插床土之一。排水良好，如能经常浇水，则易于生根，但因砂内无养分，生根之后，宜立即进行移植，否则幼株会腐败而无用，温室多用之。

田间扦插者，宜精耕细作，将土壤打碎拉平做成高畦。较为精细而难生根的植物需要更换土壤者，宜先围畦边，以盛土壤。

重点提示

在插条入床时，宜先用细棒或小刀开洞，然后放入插条，以免擦伤插枝基部。插入土中后，应将基部泥土压紧，使插枝下部与土粒密接。扦插之后，要立即浇水，水分要充分浇足。浇水被土壤吸干后，再浇一次。以后还要进行搭架遮阴，架高30～50厘米，上置芦帘。上方及四周均需遮阴，但落叶花木硬枝扦插时不可遮阴。

插穗的取材：枝条的采取，宜在不影响母株姿态的情况下，选择粗细中等的无病虫害的健壮枝条。硬枝扦插以1、2年生的成熟枝条取其中段为好。嫩枝扦插取当年的嫩梢。

修剪与扦插方法：枝条取得后，要剪截成适用的插穗，才能进行扦插。

扦插方法因修剪方式的不同而有如下几种：

①枝插：用前年或当年生的充实枝条于春季发芽前，截成10～12厘米，具2～3芽的枝条，基部在节下1～2厘米处用利刀修平或斜修，或修成楔形，如木瓜、山茶等。

②嫩枝插：取嫩梢6～9厘米长，在节基下修平，观赏植物中用得很多。

③叶插：以叶片为插穗，利用叶脉能生不定芽不定根的特性者，如蟆叶海棠等。

④叶芽插：以单芽进行扦插者，具有一芽一叶者，如菊花。

⑤根插：用根作插穗者，如玫瑰。

另外也有因插条基部的修剪、包裹不同而有不同名称者。

⑥带踵插：在当年生的插穗上附带一部分老枝，如木香。

⑦团插法：在修成插穗后，基部用泥糊包裹。

　　扦插后的管理，硬枝扦插较为简单，嫩枝扦插宜精细管理，才能生出根来。管理方法主要是浇水、遮阴。由于插枝没有根，需要经过扦插管理后在枝条上生出根来，因而前期要充分遮阴，减少蒸发，并要供给较多的水分，促使分生组织活动。每日叶面还要喷水两次，以后水量略减少。晨夕在荫棚四周可稍见光、通风，生根后减少灌水，并逐渐增加日照时间。其他如除草除虫工作，都随需要而进行。生根成活，新叶长大后，施肥一次，待株间相接时移植，生长缓慢者次春移植。

5. 花卉的压条繁殖

压条是将植物枝条或蔓埋入土内，利用母体营养萌生新根的一种繁殖方法，使压条发育成为独立植株，生根后切离母体分株栽植。生根的道理与扦插是一致的，但是扦插是在枝条脱离母体后促使生根的，而压条是不脱离母体的情况下，促使生根。

压条时机根据植物种类而不同，一般落叶阔叶树适于秋季或早春压条，常绿阔叶树适于夏季压条。

压条的方法：堆土压条法，即将基部分枝多的直立性灌木，在丛生枝条的基部堆土成馒头形，翌年基部生根后，一一切断分栽，如紫玉兰、蜡梅等。

卧压条法是将植株枝条弯曲牵引至地面，弯曲部分以刀割伤并以土埋压弯曲部分，待翌年生根后，在新根上方切断分栽。

高大的花木枝条较硬，不能弯入地面时，可采用高压法。即在枝条上斜向劈开一些或剥皮，然后以塑料袋套在切口部分，内填水苔等保水物即可。

取条原则：堆土压条对枝条不进行什么选择，仅在植株基部予以堆土，卧压条及高空压条一般要选择健壮的枝条进行。在一株上不能把枝条全部进行压条，压条数量不宜超过母株枝条的1/2，最多也不能超过2/3。总之，以不影响植株的正常发育为原则。

压条后由于枝条不脱离母体，因而管理较容易。但高空压条者，由于压条部位高，需要经常浇水，供给水分。切离母体的时间，因其生根快慢而别。如需要翌年切离者，如牡丹、蜡梅、桂花；有需当年切离者，如月季、菊花，切离之后即可分株栽植。

6. 花卉的嫁接繁殖

嫁接是将繁殖植物的枝、芽接于另一株植物之上。取用枝芽者叫接穗，取用根者叫砧木。嫁接繁殖的花卉较多，其优点是有些花卉扦插、压条不易生根成活，如白兰花；也有些扦插、压条虽然容易生根，但生根后期管理困难者，如云南茶花；有些扦插虽能生根，但后期往往生长不良者，如丁香（不耐潮湿）。通过嫁接，往往能加速生长，如桂花嫁接在女贞上，龙柏嫁接在扁柏上，都比扦插者生长迅速。其次在一株上能嫁接多种品种也可增加观赏效果，如嫁接月季、嫁接菊花，可在一株上开出很多不同类型不同色彩的花来。另外嫁接也可用作无性培养法，以改良植物品种。

两种植物得以在一起成活生长，其道理不外乎靠形成层的互相接触愈合，因而接穗与砧木相贴合的削面，必须平滑，不可杂有他物，操作要迅速，绑扎要紧密，方能使之密切愈合。

嫁接的时期在春秋两季进行。夏季炎热，除芽接外，不宜进行枝接、根接。草本花卉可在生长期间进行嫁接，但需严加遮阴管理才能成活。

砧木选择：砧木要选与接穗亲缘关系较近的种类，这样容易接

第四章 花卉的栽种管理

活,而在生长习性上要选较接穗抗性强、栽培管理容易的种类,并且宜选幼龄的健壮的植株。

接穗:选择首先要对取条母株进行选择。应选母树健旺、壮年、病虫害少、品种优良的植株。在选定的母株上,要选母树树冠外围中部或上部的健壮充实、无病虫害的枝条,芽要充实饱满。

嫁接种类:以砧木的挖掘嫁接与栽植嫁接来分。

居接:砧木栽植地上,在田间进行嫁接,这种嫁接法,由于根系生长好,成活容易,但操作不便。

掘接:砧木由田间掘起来,在室内嫁接,接后栽植。这种嫁接法,操作较简便,但后期管理应特别注意。

接合方法:草本花卉多用切接法,在枝条粗壮的幼嫩部分采幼嫩接穗寸许,以利刀两边斜削成马耳形,然后将砧木去头,正中劈下去,切口长2厘米,再将修好的接穗插入切口部分,然后用麻皮筋或塑料带扎牢即可。

靠接法是将欲选作接穗与砧木的两株母本,置于一处,选可靠近的两根粗细相当的枝条,在其相同部分斜削长5~6厘米,然后扎紧。

侧接法是将接穗修成马耳形,然后在砧木侧边开刀,以接穗形成层的一边对准砧木形成层,再扎紧。

芽接法多用T字形接法,将选作接穗上之芽,以利刀削成马耳形,含于口中,然后在砧木皮部开T字形口,剥开树皮插入接穗,对准,然后扎紧。

> **重点提示**
>
> 嫁接部位高的应涂泥或封蜡包裹,以减少蒸发,保证成活。嫁接后的另一重要管理是剥芽。剥芽系剥除砧木上萌发的芽。剥除后使养分集中,以利接穗上的芽成活,剥芽要及时多次进行。其他除草、浇水等管理,都需要在愈合之后进行,且要注意避免误伤碰撞芽穗等事故。

贴接法是将接穗一芽的周围刻一长方形的皮，然后在砧木上刻一同样大小之皮剥去，将接穗之芽也剥下并贴于砧木缺皮处扎紧即可。

嫁接后的种植及管理：苗木经嫁接后，仍需种植于田间，一般筑高畦种植，将接合部分埋入土内。株距宜较紧密，株间略留4～5厘米空隙即可。行距20～25厘米。以便于除草剥芽工作。种后不浇水，在嫁接种植后2～3天内要防雨水，否则将影响成活。

第四章 花卉的栽种管理

第二节 花卉的栽种

1. 花卉的移栽

幼苗栽植一般较密，生长又快。为了保证幼苗有足够的营养面积，有利于根系的发育和花苗的茁壮成长，经过一定的时间就要移栽，对木本类花卉和草本类花卉说来都是如此。同时，由于移植过程中人工切断了部分主根，促使植物生长出较多的须根，以后也就容易成活。

（1）木本类花卉的移栽

通常叫作"翻栽"。繁殖的幼苗，一般生长较快的可在一年后移栽，生长较慢的两、三年后再移栽。移栽一般在春、秋二季进行。春季移栽在2—4月芽萌动前或开始萌动时进行；秋季移栽多在深秋落叶后进行。移栽时要保持根系的完整。须根多、容易生根成活的可以不带土团；须根少、不易生根成活的就要带土团。此外，对于植株较大的梅花、桃花等冬季和早春观花的树种，在晚秋将两面或三面的侧根切断，促其多发须根，以后移栽上盆时容易成活，开花也多。

（2）草木类花卉的移栽

一般花草在长出4～5片叶子时进行移栽，这种移栽又叫作"假植"。"假植"可以促使多发须根。一般经过1～2次假植即可定植于露地、花坛或盆中。假植的株行距根据生长的时间和花卉种类的特性来决定。

> **重点提示**
>
> 育苗期间，移栽不宜过勤。生长较快的，一般移栽一、两次即可；生长较慢的，第一次移栽后每隔3~5年再移栽一次。移栽的株行距不应太密或太稀。太密发育不良，易遭病虫害，太稀则浪费土地。一般到了下次移栽或出圃时，枝叶刚好达到封闭程度为宜，也就是通常说的"封行"。移栽可以促进根系发育，加快苗木生长，提高出圃后种植的成活率。

2. 花卉的出圃

（1）木本类花卉的出圃

一般在秋季苗木生长停止以后或春季发芽前进行，此时起掘栽植最易成活。裸根栽植不易成活的树种和珍贵树种在起掘时应保留土团，有的还要用稻草、草绳等包扎。起土团时，先铲去树干周围的表土，用铁锹挖一圈，再掘出土团；较小的苗木只需用花撬就行了。土团要呈"坛子形"，不要成了既大且薄的"锅盖"。树冠较大的苗木，应先将树冠束缚以缩小体积，便于起掘和搬运。有的树要适当修枝，以保证成活。如果土团破损松散或根系损伤过重，应多修去一些枝叶直至截干。苗木搬运时要注意轻抬、轻装、轻卸，谨防土团破损、树冠折损和树皮擦伤。

（2）草本类花卉的出圃

草本类花卉定植后，一般每隔10~15天施用一次稀薄的人畜粪尿液。大约经过3个月的栽培，植株便出现花蕾，即可上盆或带土团出圃。有的不耐移栽，应直播于盆中或及早上盆，如虞美人和鸡冠花；有的耐移栽，直到将要开花或已经初开时才上盆或带土团出圃也是可以的，如菊花和翠菊。

3. 花卉上盆

上盆是指花卉开始用盆栽培，也叫登盆。木本花卉的大苗应该在休眠或刚萌发时上盆，否则会影响正常生长发育、树势减弱，这样就需要较长时间才能复壮。集中扦插繁殖的，待生根放叶后，应该及时分苗上盆。播种的新苗，宜在成株时上盆。大多数宿根花卉，应在幼芽刚开始萌动时上盆。

裸根苗上盆（苗根不带土）时，娇弱的或根部伤损大的苗木，宜先用素面沙土栽植一段时间，春季注意防风，夏季必要时遮荫，等根系壮实以后，再倒盆用培养土定植。强健的裸根苗或苗根带土的，以及宿根花卉上盆，可根据苗木长势及习性，用培养土上盆，并适当加些底肥。

上盆前，应根据苗木大小和生长快慢，选择适当的花盆，注意不要小苗上大盆。使用新盆要先用水淹透，旧盆往往有水渍杂物，要刷洗干净。盆孔垫上瓦片或用杂草堵住。

上盆的花卉，应根据花盆的大小，在盆底垫上 1～4 厘米厚，从培养土中筛出的残渣或粗一些的沙石做排水层，陶、瓷类花盆需用碎瓦片做排水层，并比瓦盆厚一些。排水层上铺垫一层底土，其厚度根据盆的深浅和植株大小而定，一般上盆时填土到植株原栽植深度。茎干和根须健壮的可以深栽，茎和根是肉质的不可过深。盆的上部要留有存水口，存水口的深浅，以平常一次浇满水能渗透到盆底为准。

裸根苗上盆的应把底土在盆心堆成小丘，一只手把苗木放正扶直，根须均匀舒开，另一只手填土，随填随把苗木轻轻上提，使根须呈 45°角下伸。根须较长的花卉，在上盆时，可旋转苗木使长根在盆中均匀盘曲。

花卉上盆后，一定要把土弄实，不要使盆土下空上实或有空洞。可采用手按的方法压实，不容易伤根。上盆用土要求湿润，宜放在避风阴湿的地方暂不浇水，天气干燥可随时喷水保苗，一般应在 4～48 小时后，再浇透水，这样不仅能够防止根须腐烂萎缩，而且能够促发新根迅速生长。

4. 有些花草要多次移栽

栽培花草通常成批育苗，用来美化环境或布置花坛，要求整齐美观。但常见到有些花草栽入花坛成活率不高或生长很瘦弱，达不到理想的美化效果。主要原因是在育苗过程中，移植蹲苗措施不力。有些草木花卉，像凤仙花、翠菊、百日草、万寿菊等，易拔高倒伏，要想培育出矮壮、整齐、抗旱、耐涝的花苗，在栽培时要经过几次移苗蹲棵。

第四章 花卉的栽种管理

当播种苗长出二片真叶时，就应及时裸根分苗，株行距为10厘米，栽后浇水，两、三天后再浇一次缓苗水，而后当表土不黏时，要及时松土蹲苗。蹲苗时间看天气而定，一般一周左右，苗在中午有萎的现象时开始浇水，并结合施肥，施肥后小苗明显生长，再浇一次水。当株行枝叶已相搭时，再次移苗分植。移苗时切去主根，促使侧根增生，切坨直径8～10厘米，栽后同样浇两次缓苗水，以后每浇一次水都要及时松土，浇水时结合施肥。从播种到花坛定植，经过两三次移苗的花卉，生长苗壮，定植不倒伏，整齐一致。家庭里养的花草栽植也不可过密，幼苗生长阶段也要有个蹲苗过程，并应经常松土、施肥，才能生长苗壮。扦插繁殖的一串红、菊花等，也要如法栽培才能养出理想的花苗来。

5. 怎样倒盆和换盆

倒盆、换盆是养花的常务工作，如果盆花多年不倒盆、不换盆是长不好的。通过倒盆、换盆，可以做到花盆大小与苗木相称，改善营养条件。

①倒盆：一般是将上盆后经过一段生长的花苗，移栽到大一号的盆里，或是将原用沙土裸根上盆的花苗，移到培养土里种植。倒盆时原土坨不动，对根和地上部分均无损伤，因此倒盆的时间，一般不受季节限制。

②换盆：是指已栽培成型的盆花，为保持株形优美和长势长久旺盛，在春季萌动前结合整形修剪等项操作进行的。换盆一般使用原盆或大一号的盆，换盆时要将网结的须根、烂根去掉，再去掉部分原土，换上培养土。有些花卉结合换盆还可分株。

重点提示

倒盆时,原盆土不可过湿过干。植株脱盆时,用一手食指和中指夹住植株的基部,手掌紧贴土面,另一手托起盆底翻转过来,用手掌磕击盆边,即可整坨脱出,随即将土坨底部排水层扒去,外围须根稍加疏理栽在大盆内。

6. 培养土的材料与配制

花卉栽培,特别是盆栽,由于花盆的容积有限,为了尽量满足花卉生长发育的需要,就必须用人工配制的一种养分充足、富含腐殖质、物理性状好、保肥性能好、蓄水能力强,并且排水良好的培养土,以满足花卉生长发育的需要。

(1) 配制培养土的材料

要配制出好的培养土,必须选择符合要求的材料,主要是质地疏松、富含腐殖质、肥效高的一些材料,目前常用的有以下几种:

①腐殖质土:这种土壤富含腐殖质,是一种质地疏松的肥沃土壤,是花卉栽培中的一种良好土壤,可用作培养土的配制材料。腐殖质土一般由人工堆制而成。堆制的方法是:秋冬季节,收集落叶、残草与土壤混拌,后稍加水堆置成堆,并压紧,半年翻堆一次,再浇水或稀薄人粪尿,一年即可腐熟。使用时,需翻开使之疏松并过筛,筛出的残渣,仍可作为堆制材料。

②厩肥:牛、马或各种动物粪便,加上褥草,发酵腐熟,称为厩肥。这些粪便堆积发酵后,必须经过暴晒,过筛后方可使用。筛细晒干的

厩肥，可堆积室内，留作配制培养土用。

③园土：这是普通的栽培土，一般选用肥沃的土壤，物理性状良好，经过堆积、暴晒后备用，是配制培养土的主要成分。

④草木灰：主要是稻壳或稻草烧的灰，上海也称糠灰，富含钾肥，作为培养土配制材料，能使土壤疏松，排水良好，利于起苗，可烧制后存放备用。

⑤山泥：是一种天然腐殖质土，土质疏松而带微酸性，目前由宁波或常熟运来。由于土质来源不同，有的较肥沃，有的较瘠薄。宁波山泥多为黑山泥，常熟山泥为黄山泥，可作为培养土的配制材料，亦可单独使用，用以种植杜鹃、山茶等喜酸性土的花卉。

⑥黄砂：即普通的黄砂，可作为配制材料，亦可单独用作扦插，一般以河沙为好。

⑦石灰：石灰在配制培养土中仅少量使用，可起消毒作用或调节酸碱度，多在堆制腐殖质土时使用。

（2）培养土的配制

配制培养土是花卉栽培中一项必不可少的工作，因为花卉栽培的目的是为了观赏，因此通常进行盆栽，以便搬移摆设布置，而盆栽必须给以肥沃疏松的盆土。

①松土：这是最常用的盆栽土，一般为园土2份、草木灰1份，适用于扦插及一般露地盆栽花卉，如普通的一、二年生花草、月季等。

②轻肥王：是一种较为轻松的土壤，一般为园土1份、腐殖质土1份、厩肥1份，如没有厩肥可用腐殖质土2份。这种培养土肥效高、疏松、透水性好，能使根部得到舒展，适于栽培根系发育较弱的花卉，以及喜排水良好、喜肥的种类，如天竺葵等。

③重肥土：是一种较黏重的土壤，一般为园土2份、腐殖质土半份、厩肥半份，如没有厩肥可用1份腐殖质土。这种培养土配制时

土壤较多，适于栽一些较耐水肥的花卉，如报春花类、品种海棠等。

④黏肥土：这种黏肥土较重肥土更为黏重，腐殖质成分少，适于栽培棕榈、蒲葵等常绿的喜温花卉。

木屑是近年来新发展的一种培养材料，将锯木屑堆置，腐熟发酵后，一般与土壤配制使用，亦可单独作为一种介质。近年来用发酵木屑较多，国外用这种木屑土作为露地栽培用土，我们也试与园土配制后作为盆栽土，效果良好，根群发达，生长旺盛。一般以园土及发酵木屑各半混合配制，适于栽培各种盆花。

第五章

花卉常见病虫害防治

第一节 花卉常见问题

1. 花卉入室叶片泛黄

俗话说得好:"红花还需绿叶衬。"观赏植物不仅要有美丽的花朵,还需要有碧绿的叶片作衬托,才能显示出盎然的生机,让人喜爱。而从植物健康角度来说,绿叶还是花卉进行光合作用不可缺少的要素,如果叶子生病了,花朵及植株的生长肯定也会受到不利影响。

不过对盆栽花卉来说,因为花盆里的土壤比较少,空间是有限的,植物的根系无法自由伸展,如果再管理不善,就很容易出现叶片黄化的现象,叶片发黄,不仅影响植株美观,也影响花卉健康。尤其在冬季将花盆搬入室内的时候,更容易出现这种情况。而要预防叶片黄化的疾病,此时就要注意以下几点。

第五章 花卉常见病虫害防治

（1）浇水要适量

将花盆搬入室内之后，植物所处的环境发生了变化。因为室内的环境并不开阔，空气流通不佳，花盆、花卉表面的水分不再像在室外时那样蒸腾，其蒸腾量大大降低，对水分的需求也会降低。而如果继续大量浇水，盆土长期处于湿润过度或积水的状态，根部会缺氧，就可能开始腐烂，无法正常呼吸和接收养分。所以，花卉搬入室内之后，浇水一定要适量。

（2）施肥要控制

花卉在冬季搬入室内之后，由于气温、环境的变化，生长会渐渐趋于缓慢，对肥料的需求也会降低，所以此时要减少施肥量，必要时可以停止施肥，以免施肥过多造成叶片黄化。

（3）光照要调整

不同的植物在搬进室内之后，对光照的要求也不同，但都要根据它们的需求进行改变。比如一品红、扶桑等花卉喜欢强光，如果放在阴暗的室内，就可能出现黄叶，所以最好放在光线强的地方，让它们充分接受光照。而有些植物却喜欢荫蔽，比如文竹、龟背竹等，如果光照太强，也会造成叶片泛黄，这时就要注意调整。

重点提示

冬季室内一般是比较干燥的，而很多花卉对于湿度都有较高的要求，比如兰花、龟背竹、白兰、茉莉、含笑草等，一旦室内湿度太低，叶片就可能发黄、干枯，所以最好经常向植株喷水，而且水温要与室温接近，这样可以增加湿度。有些名贵的花卉，在冬季可以罩上塑料薄膜，并在罩内放上一小盆清水。

（4）通风要流畅

室内的空气流通不如室外，常常会出现空气混浊、流通不畅的状况，尤其是新装修居室的空气中含有苯等污染物成分，会导致花卉迅速地衰老。而且在过于封闭的环境里，污染物的含量还会逐渐增加，花卉很容易出现叶片发黄的状况。所以，一定要保持室内通风，早晨注意开窗透气。

一般来说，冬季将植物搬进室内，可以让植物免受室外的冻害。但是，并不是将植物搬进来就可高枕无忧了，还应该将室温调整到花卉感到舒适的程度。如果室内温度仍然过低，一些常绿花木还可能受到轻微的冻害，出现叶片发黄的现象。此外还要注意"过犹不及"，如果室温过高了，植物水分的蒸腾过多，水分供应不足了，叶片同样会发黄。

2. 花卉营养缺乏症

如同人会出现营养不良等情况一样，花卉也会出现营养缺乏现象，这种现象虽然算不上大的疾病，但却会影响植株的正常生长，因此哪怕是轻微的花卉营养缺乏症，也要认真对待，准确治疗，让花卉健康成长。

（1）花卉营养缺乏症的表现

缺氮：植株生长矮小，有发育不良的倾向，茎枝脆弱，老叶均匀发黄、焦枯，新叶狭小且单薄，颜色淡绿。严重缺氮时，老叶会从黄色变成褐色，但并不脱落，新叶长出的速度极慢，不易发芽和开花，即使开花，花朵也较小、颜色不艳。

缺磷：整个植株生长较缓慢，植株呈淡绿色，茎叶呈暗绿或紫红色，叶柄处变紫，老叶的叶脉间出现黄色，叶片卷曲且极易脱落。花卉根系不发达，开花数量少，种子产量大幅度降低。

缺钾：老叶出现黄、棕、紫等色斑，且叶片由边缘处向中心逐步变黄，但叶脉仍旧是绿色。叶尖焦枯向下卷曲，叶缘向上或向下卷曲，直至枯萎后自行脱落，植株短小，即使开花，花朵也极小。

缺镁：老叶的叶片明显向上卷曲，叶脉间发生黄化，逐渐蔓延到新生叶片上，叶肉呈黄色，而叶脉仍为绿色，且叶脉间会出现清晰的网状脉纹，有多种色泽鲜艳的斑点或斑块。

缺钙：这种症状可从新叶处寻找突破口，叶尖、叶缘枯死，叶尖常常呈弯曲的钩状，并相互粘连，不易伸展。植株的生长受到抑制，严重缺钙时植株全部枯萎而死。

缺硼：在开花期间缺硼会出现开花数量少、落花落果等情况，平时缺硼，在新生组织上表现尤其明显，嫩叶失绿，叶片肥厚但叶缘处向上卷曲，根系不发达，导致植株茎秆部分硬而脆。

缺铁：最明显的症状是新叶叶肉变黄，但叶脉仍然为绿色，一般不会枯萎。但时间长了，叶子边缘处会逐渐枯萎，而叶片整体上会保持绿色。

（2）花卉营养缺乏症的防治

按时换盆和施肥，让土壤保持理想状态。基肥多采用熟豆饼肥、鸡粪等充分腐熟的有机肥，为盆土增加营养。

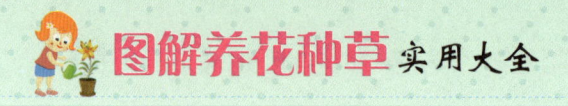

重新配置营养土。记录下每一次配置培养土的成分和用量，逐步调整和增加营养物的比例。不同花卉所需营养物的比例不同，应注意调整，为花卉提供充足的营养。

根外追肥。这种施肥方式有利于花卉对养分的直接吸收，因此在花卉生长期间可经常对花卉喷洒根外肥。如果花卉已经发生了营养缺乏症，可根据其严重程度配置所需的营养素，采用根外施肥的方法喷洒，对症下药。根外追肥属于应急性的施肥方法，必须与根部施肥相结合方能获得理想的效果。

经常对盆土进行深翻和晾晒。这种操作可促进上下层盆土间养分的交流，使盆土营养物质更均衡，有利于花卉根部吸收。

3. 花卉盆土板结

家养盆花的条件有限，因此总会出现这样或那样的不良事件，盆土板结是最为常见的问题。而盆土一旦板结，就会影响花卉根系生长，降低其生长速度。

盆土板结的原因，最常见的就是浇水的选择不当。在进行浇花的时候，所使用的水源如果含有较多的钙镁离子，水的硬度较大，就会对土壤造成不利影响。这些不溶于水的化合物在盆土中聚集，就会使得盆土发硬、板结。

土壤中如果缺乏有机质，也可能造成盆土板结。很多人经常使用无机化肥，植物无法完全吸收，从而导致盆土板结。

如果盆花和花盆不搭配，也可能成为盆土板结的原因。植株和花盆大小比例不协调，植株大而花盆小，盆土中营养不能满足花卉生长需要；植株小而花盆大，又会导致盆土中营养过剩。营养不足和营

第五章 花卉常见病虫害防治

过剩都会导致盆土板结。避免板结可以采取以下方法：

（1）勤翻土

为了防止盆土板结，除了要改正以上导致盆土板结的原因外，在平时养花护理上，还应经常给盆花松土。如果板结已经很严重，松土也难以改善，不要犹豫，应立即给花卉换盆土。值得提醒的是，换盆土不仅仅要注意土壤，还要注意盆花的根部，有些花卉根部生长不良，或长得太过肥硕，要及时修剪、分株，给花卉制造一个重新伸展根系的机会，有利于花卉根部生长，让植株更健康。

（2）盆土表面施干肥

如果不想劳心费力地经常给花卉松土，也可采用在盆土表面施干肥的方法防止盆土板结。这样不仅可大大减轻养花人的劳动强度，而且不易伤害花卉根部，能起到很好的施肥效果。因为干肥施到盆土表面后，不多久就开始发酵，使盆土表层的土壤也变得疏松，浇水、施肥都会畅通无阻，而干肥自身发酵也会产生肥水，这些肥水会随着浇入盆中的水下沉，更有利于花卉的根系吸收水肥，所以完全不用担心盆土板结而影响花卉生长。

（3）表面添加覆盖物

在盆土表面种植苔藓类植物，或使用微生物肥料如金宝贝微生物菌肥等，都可改良盆土板结等情况。

重点提示

干肥以饼肥、家禽粪肥为好，碾成粉末，将盆土表面松动后，施用前一天不浇水，第二天再将干肥粉末均匀地洒在盆土表面，并用喷壶向盆内喷水一次，让盆土和干肥粉快速融合，促进干肥快速发酵。之后每隔一个半月至两个月时间施肥一次，以后盆土就会慢慢开始变松。施用干肥粉的量，以能略见盆土为度，不可太厚，以免因肥度过大而造成花卉根部损伤。

另外，在盆土中添加一些用清水洗净的粗沙和含有腐殖质的土壤，就能让盆土质地变得松软。但这种方法不能一劳永逸，且每次都要伴随换盆工作进行，但能保持盆土长久不板结，减少换盆的频率，从某种程度上来说也减轻了换盆工作的压力。

（4）常用酸性水浇花

板结后的盆土多呈碱性，而平时如果能用醋兑水，以1∶50的比例，即用1千克醋、50千克水混合搅匀的食醋水浇花，则能有效改善盆土的碱性化，防止盆土板结。此外，在花卉生长期间经常用凉开水浇花，可起到淋洗盐碱的作用，从而达到改善盆土板结的目的。

4. 杂草太多的处理方法

从早春起，定期除草极其重要。杂草剥夺所栽植物的养分、水分和光线，还能侵害、长满整个花园。应在杂草有机会繁殖之前，及时清除杂草。

（1）防止杂草生长

有很多办法可以阻止花园里的杂草生长，最有效办法之一是使杂草得不到生长所必需的光线。密植和铺覆盖物，可以使杂草难以生长，但在铺覆盖物之前，必须清除土壤中所有的一年生或多年生杂草。在植物周围铺5厘米厚的粗砂砾，能防止杂草生长。在植物周围栽种密集生长的地被，可以抑制杂草生长。

（2）手工除草

利用除草工具经常地、适时地进行除草工作，以下是几条有效的手工除草原则。

①务必在杂草结籽前清除杂草，最好是在杂草扬花之前清除。

②尽量清除杂草的根系，许多杂草可以从遗留在土壤中的根茎再生。

③如果是清除大片杂草，则应先割去杂草的花序和籽实，避免杂草种子进入土壤。

（3）化学除草剂

有些地方很难或需要花费太多人力进行手工除草，这时使用化学除草不失为一条捷径。施用化学除草剂的最佳时间是在杂草迅速生长的时候。不要在有风的天气使用除草剂，因为会伤及其他植物。避免在临下雨之前使用除草剂，雨水会使除草剂失效。

（4）给未栽种植物的地方除草

清除一大片未栽种植物的地方的杂草，需要将手工和化学方法结合起来，如果杂草丛生，则完全使用含镇草宁的除草剂，可能要喷洒好几次，等待杂草长出厚厚的一层后再次喷洒。

> 对于较大的木质杂草，不仅要清除表面的杂草，而且要尽量挖出草根。可以用黑色薄膜覆盖已清除杂草的地方，防止杂草再生，挖出一条沟将薄膜固定。也可以把杂草制成堆肥。不要把已结籽的杂草或特别有害的杂草用来制作堆肥，有些杂草即使切碎了，也可能在花园里重新生长。

5. 室内花卉萎蔫

花卉萎蔫的原因很多，有的是移植伤根，有的是在室内摆的时间较长，一旦移到室外，有的是连阴骤晴，往往会出现盆土假墒（盆土表面常被绿色杂物覆盖，似湿实干）。这些萎蔫是常见的现象，可采取适量浇水或喷水，必要时放在花荫凉处，养护一段时间，就可以缓苗复壮。还有几种现象比较严重，应采取相应措施才能挽救。

旱：干燥高温季节，在中午往往会出现盆栽花草嫩梢低垂，有的未木质化的木本花卉也会出现这种情况，严重时，顶心下部的两三片新叶焦枯。产生这种现象，大多数是上午10时以前没有浇足水。如发现萎蔫，应把盆花移到荫凉处，待盆土稍凉以后，再浇透水。

涝：积水久湿，盆土粘结通透性能不良，花卉根部受伤，出现新、老叶子一齐萎蔫。这时应速勤水、松土，暂放半阴处养护缓苗，如能够续发新根，还可复壮。

热：夏季，性喜花荫凉爽环境的花卉，如果放置在日照强、温度高的地方，叶片会出现内卷，甚至枯黄脱落。应马上放到阴凉、湿润、通风的地方。

冷：中秋以后，北方气温波动大，夜间气温突然降到10℃以下时，一些南方喜温花卉，如扶桑、叶子花、茉莉等，清晨叶子失去光泽，中午升温逐渐复原。短时间的冷，对花卉影响还不大，但要注意防寒保温。

6. 室内养花光照不足

光照是植物光合作用制造养料的能量来源，是植物生长发育必不可少的条件。如果室内光照不足，植物往往长得瘦弱、细长、叶黄。室内花卉光照不足的问题可以通过多种方法解决，包括使用反射光、调整花卉位置、使用人工光源，以及选择耐阴品种。

使用反射光：利用锡箔纸等高反射材料，将其放置在有阳光的地方，然后围绕花盆固定起来，这样阳光照到锡箔纸上就能得到很好的反射，达到补光效果。此外，锡箔纸还能起到一定的保温效果，对于没有暖气条件的地区，冬天可以用来提高植株周围的温度，防止冻伤。

调整花卉位置：通过定期调整花卉的位置，将平时很少能得到阳光滋润的盆栽与位于光照充足位置的花卉调换位置，这样既能保证所有的花卉都能享受到阳光，又能避免过多或过少的阳光直射。这种方法简单易行，适合那些想要通过自然方式改善光照条件的养花爱好者。

使用人工光源：在室内使用人工光源，如电灯，特别是植物培养灯，这些灯发出的光照类似于阳光，有助于植物进行光合作用，促进生长。

需要注意的是，光源与花卉的距离很重要，过近容易灼伤花卉，过远则无法达到应有的效果。因此，根据电灯的瓦数合理确定与花卉的距离是关键。

选择耐阴品种：对于光照条件特别差的室内环境，可以选择一些耐阴的花卉品种，如大岩桐、铁树、吊兰等。这些植物能在光照不足的环境下茁壮生长，是室内装饰的理想选择。

综上所述，解决室内花卉光照不足的问题可以从改善光照条件、调整花卉位置、使用人工光源和选择适合的耐阴品种等多个方面入手，根据实际情况选择合适的方法，可以有效促进室内花卉的健康生长。

7. 室内花卉长势不良

在植物的生长过程中有时会出现长势不良，只有仔细观察才能发现导致植物长势不良的真正原因，如是否移动过植物、浇水是否适量、温度是否适宜、利用供暖设备调高温度的同时是否注意增加湿度并增强通风。集中各种可能因素，锁定直接原因，并采取相应措施避免以后出现同样的问题

以下所列举的一些常见问题有助于在某种程度上确定主要原因：

（1）温度

多数室内盆栽能抵抗霜冻温度以上的低温，但却不能适应温度骤变或冷风。低温可能引起植物落叶。冷天没有及时移回室内，或在搬运途中受冻的植物，通常都会出现这种现象。叶片皱缩或变得透明，

第五章 花卉常见病虫害防治

植物可能冻伤很严重。冬季温度过高也不好，可能会导致大叶黄杨等耐寒植物落叶或引起未成熟的浆果脱落。

（2）光照

有些植物需要强度较高的光照，光照不足，叶子和花柄就会因向光生长而偏向一边，而且植物茎干会变得细长。这种情况发生时，如果无法提供充足的光照，可以每天将花盆旋转45°（可在花盆上标记接受光照的部位），以便植物各个部位都可以接受充足的光照。

充足的光照有利于植物生长，但阳光直接和透过玻璃照射植物却会灼伤叶子，灼伤部位会变黄变薄。更为严重的是，雕花玻璃像凸透镜一样具有聚光作用会灼伤叶子。

（3）湿度

空气湿度过低，干燥的空气可能导致娇嫩的植物叶尖泛黄，叶片变薄。

（4）浇水

浇水不当会导致植物枯萎。这包括两种情况：若盆栽土摸起来很干，可能是缺水引起的；若盆栽土潮湿，花盆托盘中仍有水，则可能是浇水过多引起的。

（5）施肥

植物缺肥可能导致叶片短小皱缩、缺乏生机，施液体肥料可迅速解决这一问题。柑橘属和杜鹃属等植物种在碱性盆栽土中，会出现缺铁现象（叶子泛黄），用含有铁离子的有机肥施肥，可以大大缓解这一症状。

（6）花蕾脱落

花蕾脱落通常是由盆栽土或空气干燥引起的，花蕾刚形成时，挪动或晃动植物也会出现这一现象。如蟹爪兰，花蕾形成后挪动植株，由于不适应，很容易导致花蕾大量脱落。

8. 花卉枯萎现象

植物出现枯萎或倒伏现象属于比较严重的问题，不注意的话，植物很可能会死亡。一旦植物出现枯萎或倒伏的情况，首先应找出原因，然后尽快急救让植物恢复正常。植物枯萎的原因通常有三个：浇水过多、缺水和根部病虫害。

前两种原因导致的枯萎通常很容易判断：若盆栽土又硬又干，可能是缺水；若托盆中还有水，或盆栽土中有水渗出，很可能是浇水过多。

若不是这两种原因，可以检查植物基部。若茎呈黑色且已腐烂，很可能是感染了真菌，这种情况下，最好将植物扔掉。

若上述原因都不是，可以将植物取出花盆，抖落根部盆栽土，若根部松软呈黑色，且已腐烂的话，可能是根部发生了病害。另外查看根部是否有虫卵或害虫，某些甲虫如象鼻虫的幼虫也可能引起植物枯萎。

根部腐烂严重的话很难恢复原状，不过可以用稀释后的杀菌剂浇透盆栽土，数小时后用吸水纸吸去多余水分。若根系受损严重，尽量去除原来的盆栽土，使用经消毒的新盆栽土，移植植物。

第五章 花卉常见病虫害防治

第二节 花卉常见病害防治

1. 根腐病

根腐病是由腐霉菌所引起的病害。此病在环境温度较低、根系受到伤害的情况下特别容易发生。患病植株通常先是烂根，尔后病情往往会进一步发展，其结果轻则植株生长衰弱，重则植株腐烂死亡。此病可全年发生，尤其是1—8月发病较为严重，如肉质植物、仙人掌科植物特别易患此病。

防治方法为选择适宜花卉生长的盆土，不可使其过于黏重。在浇水上应该掌握环境温度越低浇水越少的原则，对绝大多数肉质植物、仙人掌科植物来说，如果环境温度在5～10℃，则可每隔3～4周浇水一次；如在0～5℃，则可每隔5～6周浇水一次。

栽培经验表明，冬春低温时节即使间隔数周为肉质植物、仙人掌科植物浇水一次，并不会影响它们的正常生长，因为耐旱是肉质植物、仙人掌科植物的共同特点。应该加强施肥管理，如果植株组织充实，则其对根腐病的抵御能力也较强。要将花卉置于适宜的日光照射下，对减轻根腐病的发生很有帮助。此外，应该注意尽量使植株处于适合其生长的温度范围内。对于已患病的植株，其残体应该烧毁。

2. 斑点病

斑点病是由真菌所引起的病害。主要包括褐斑病、黑斑病、红斑病、灰斑病等，其病原菌主要危害的部位是花卉叶片。此病发生面广，危害严重，我国南北地区均很常见。

斑点病主要发生在夏秋二季，多雨潮湿、气温为24～28℃的气候条件下发生，以7—9月较为严重。植株主要先从基部叶片开始发病，顶部叶片一般不会侵染此病。发病初期新叶背面出现绿色针尖状小点，以后扩大成3～5毫米的近圆形至不规则的褐色病斑，其中部为灰色，边缘微隆起，为深褐色，叶片两面患处有不很明显的暗绿色斑点，直接影响了植株的生长发育、观赏价值。当病情严重时，散布的病斑常会汇集成片，最终导致叶片枯黄、死亡。此病主要由带菌植株残体进行传播。

防治方法是实行轮作；进行土壤消毒；在播种前对种子进行灭菌；注意要从无病的植株上采取繁殖材料；做好防涝工作；合理施肥；日照充足；环境通风；适当修剪；冬季及时清除栽培场地的落叶，集中深埋。当春季植株展叶后，喷施50%的多菌灵可湿性粉剂1000倍液一次进行保护。发病季节每隔10天往植株中下部叶片上喷洒75%的

百菌清可湿性粉剂 500 倍液一次，用药 3～4 次。

3. 白粉病

白粉病主要由子囊菌亚门的白粉菌所引起的病害。其病原菌通常寄生在植物表面，用吸器深入表皮细胞吸收养分，其主要特征为受害植株表面披被着由白粉菌所生成的分生孢子所聚集的白粉状霉层。

白粉病主要发生在昼夜温差较大、空气湿度较高、通风不良的环境中。其主要危害植株的叶片、花朵、果实等部位。受害的叶片、花器披被一层或成片白粉，严重影响植株的生长发育。因其发病迅速，往往会给管理带来很大的麻烦，给观赏造成影响，故应该做到防患于未然，尽量避免此病发生。

防治方法为在发病旺盛期间不要给植株喷水；避免过多施用氮肥，适当增施磷肥、钾肥；保证光照充足；注意环境通风良好；尽量减小昼夜温差的变化幅度；对于已经患病的器官要立刻清除，集中烧毁。发病初期可采用 25% 的粉锈宁可湿性粉剂 2000 倍液、70% 的甲基托布津可湿性粉剂 1000 倍液、65% 的代森锌可湿性粉剂 500 倍液，每隔 10 天喷药一次，用药 3～4 次即可获得显著效果。

4. 日灼病

日灼病是一种生理病害，发病的原因主要是由于强烈的日光照射而损伤了植株的幼嫩组织，此病多在夏秋高温季节发生。由于强烈日光照射所产生的高温使花卉茎秆、叶片的细胞遭受破坏，从而导致嫩叶失绿，嫩茎变黄等现象发生，使之产生了不可修复的损伤。此外，即使在冬春低温季节如果将久不见强光的花卉突然置于强烈的日光照射下，也会出现日灼病，此病实际在全年均有可能发生。由于植株患处的表面细胞已经死亡，因此即便将患病花卉进行处理，也无法消除已有症状，所以日灼病的伤害往往是不可修复的。

此病对于一些生长缓慢的植株，例如君子兰来说影响很大，如果其嫩叶被日光灼伤后，由于其形态特点决定了很难使用把受害嫩叶剪去的处理方法来弥补观赏价值的下降，这样自然就会使整个植株显得十分难看。因为要是等到受害叶片自然衰老死亡，那么通常需要2~3年。由此可知，日灼病虽然一般不会使花卉受到致命的伤害，但是它对花卉的观赏价值影响颇大，因此必须严加防范。

防治方法为夏秋高温季节，给那些不喜强光的花卉遮阴，如果

中午的气温太高，亦可喷水降温。要注意有时水滴附着于叶片表面，会产生类似透镜的效果，从而灼伤植株，但这种现象比较少见。对于那些长期摆放在荫蔽环境中的阳台花卉，不要立即摆放到强烈的日光下照射，而是应该逐渐延长其接受日光直射的时间。可以采用第一天数分钟，以后每天延长日照数分钟的加光方式来进行处理。

5. 炭疽病

炭疽病是由黑盘孢目真菌所引起的病害。其病原菌在温暖的条件下可使植物的叶片、茎秆、花朵等处出现炭疽症状，即有界限明显、稍微下陷的条斑或圆斑。炭疽病的重要特征之一是病斑中部长出明显的黑色小点，呈同心轮纹排列。

此病在植株生长势弱、春秋阴雨季节、气温在23℃左右的条件下最易发生。受害植株多先自叶缘上出现圆形至不规则病斑，其前期呈黄褐色、微隆、边缘有黄色晕圈，以后病斑日渐扩大，表面轮生黑色小点。

重点提示

炭疽病的防治方法为清除病源，应及时摘去患病的叶片，集中销毁；由于炭疽病大多通过繁殖材料进行传播，因此应该从无病植株上选取材料；注意少施氮肥，多施一些磷、钾肥；在发病前或发病初期，可喷施75%的百菌清可湿性粉剂500倍液、50%的退菌特可湿性粉剂500倍液、70%的甲基托布津可湿性粉剂1000倍液进行防治。通常每隔10天左右喷药一次，共用药3～4次即可收到显著效果。

第三节 花卉常见虫害防治

1. 蚜虫

蚜虫是一种青黄色的小虫，几乎危害所有花木。春夏之间常密集在月季、石榴、菊花等新梢或花苞上，用口器吸食液汁，造成嫩叶卷曲萎缩，严重时不仅影响生长、开花，还会使植株枯萎。蚜虫一年可发生20～30代，卵能越冬。

防治方法：最环保的方法是直接用手指将蚜虫压死。必要时选用杀虫剂，如用40%乐果乳剂3000倍液或25%亚胺硫磷乳剂1000倍液喷洒。还可自制简易杀虫剂防治：一是按香烟头5克兑水70～80克的比例，浸泡24小时，稍加搓揉后，用纱布去渣后喷洒；二是用1∶200的洗衣粉水（皂液水），为提高效果可加入几滴菜油，充分搅拌，至表面不见油花时用喷雾器喷施。

第五章　花卉常见病虫害防治

2. 叶螨

叶螨又名红蜘蛛，常为害杜鹃花、月季、一串红、海棠以及金橘、仙人掌等，其中杜鹃花受害最为严重。叶螨虫体小，呈红色或粉红色，肉眼很难看到。喜在叶背面吸取液汁，被害叶发黄，出现许多小白点，严重时叶背出现网状物，不久枯黄脱落。叶螨繁殖能力很强，一年可发生10余代，常在高温低湿的环境滋生。

> 防治方法：清除盆内杂草，消灭越冬虫卵。干热天气每天向植株喷水，有利于减少叶螨侵害。为害时用40%乐果乳剂1000～1500倍液，或者用40%三氯杀螨醇乳剂2000倍液喷洒，尤其要喷湿叶背。

3. 刺蛾

刺蛾主要咬食月季、牡丹、石榴、梅花等叶片。受害严重时，不到几天整盆花卉的叶片就被吃光。刺蛾专门潜伏在叶子背面，如不注意常被忽视。一年中发生2代，6月上旬发生一次，6月下旬发生一次，10月中旬后就结茧越冬。

防治方法：如害虫少、危害轻时，可将受害叶片摘除、烧毁。可喷施90%晶体敌百虫1000～1200倍液（即1千克水加入敌百虫1克或略少一点），或50%杀螟松乳剂500～800倍液。

4. 蚧壳虫

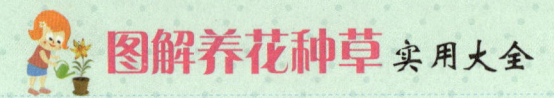

蚧壳虫是花卉的常见害虫，其成虫多呈长卵圆形，因种类的不同而呈淡黄、粉白、深褐等色，其体长通常数毫米。它的若虫能够爬动，当找到合适的场所后便固定下来，用口针刺入花卉皮层，吸吮其体液。此虫常群集于叶背、花梗、枝条表面。

它们能够在全年里活动，通常在温度较高、密不通风的条件下发生严重。受害植株因成虫、若虫密布于叶片吸取体液而使生长受到影响，此外，蚧壳虫的排泄物还会诱发烟煤病，从而妨碍植株的光合作用，影响叶片的观赏效果。对蚧壳虫的防治不像其他害虫那样容易奏效，通常要采用几种措施进行配合才能达到根除之目的。

防治方法为避免引进带有此虫的苗木；保证环境通风良好，以阻断此虫的生长环境；应该合理地整形修剪，随时剪去残枝败叶，并将剪下的枝叶集中烧毁。如果虫情不严重，则栽培者可以将其从着生处刮下来，然后集中在一起予以焚烧。此法的优点是不使用污染性很强的农药，也不会因喷药不当而给植株造成伤害。

第五章 花卉常见病虫害防治

重点提示

当虫害较为严重时，可以考虑施用药剂的方法，由于蚧壳虫在孵化初期所形成的若虫体表的蜡质还没有很好形成，因此这时施药通常都能收到较好的效果，在若虫孵化期每周喷施40%的氧化乐果乳油1000倍液一次，共用药2次。当其发育为成虫后，施药的效果则较差，因此对蚧壳虫更要注意应该进行综合防治。

5. 金龟子

蛴螬又称地蚕，其成虫即通常所说的金龟子。

这种害虫对于露地花卉来说危害很大，由于金龟子有很强的趋光性，因此到了晚上常常会飞到有光亮之处产卵。所孵化出的蛴螬便潜伏于土中，咬食植株根系，致使植株叶色暗淡，生长缓慢。

此虫主要在夏秋二季发生，由于蛴螬主要爱啃食花卉的根系，因此受害植株常常出现一见太阳就发蔫的情况，这时即使浇水也无济于事，而到了晚上植株才会重新恢复原状。随着金龟子的幼虫，即蛴螬不断长大，它们的危害也会越来越严重。

防治方法为避免在土壤中埋入未充分发酵的有机肥料，因为这样会招引金龟子产卵；在金龟子多发地区，可在傍晚于土表上覆盖一层塑料薄膜，第二天再将其拿开，以防止金龟子往土壤中产卵。如白天发现植株在不缺水的情况下受到日光照射发生萎蔫，而夜晚又恢复常态时，多是土壤中生了蛴螬所致，这时可浇灌50%的敌敌畏乳油1000

倍液进行杀灭。蜻蜓对敌敌畏的抵抗能力很差，通常施药一次即可见效。

6. 玉米螟

钻心虫即通常所说玉米螟的幼虫。其体长为1～1.5毫米，体色淡绿，此虫喜温暖，在全年中可发生数代。钻心虫的成虫每年初夏开始产卵，6月中旬是幼虫开始活动时期，以7—8月最为频繁。

由于钻心虫主要侵袭的部位是芽顶、花蕾，因此，对于菊花等这一类在植株顶部开花的植物来说危害极大。其常常咬断茎尖或钻到茎中进行活动，当看到花卉茎秆上有圆形的蛀孔，则十有八九是钻心虫在作祟，如果在蛀孔旁，还粘有它的粪便，则基本就可以做出植株受到这种害虫侵袭的正确判断。被钻心虫侵害的植株生长势弱，有时会死亡，即使存活，其观赏价值也会受到极大的影响。

> 防治方法是在钻心虫发生时每周喷洒80%的敌敌畏乳油1000倍液一次，共用药3～4次，基本上就可免除钻心虫的危害；如果花卉茎秆已钻入此虫，则可使用注射器把80%的敌敌畏乳油100倍液注射到蛀孔中，以杀死钻心虫；或将患株进行修剪，除去蛀孔以上部分，并用镊子从茎秆中夹出钻心虫，这种处理方法往往会收到更好的效果。